高等学校物联网专业系列教材

联创中控校企合作教材

物联网系统设计与应用

黄姝娟　刘萍萍◎主　编

王建国　杨　博　杨盛泉　张　雅◎副主编

U0316809

中国铁道出版社有限公司

CHINA RAILWAY PUBLISHING HOUSE CO., LTD.

内 容 简 介

本书将物联网与城市智能交通结合起来，以智能交通沙盘系统为例，系统地讲述了物联网技术在智能交通中的应用。全书共分 9 章，包括了解物联网、智能交通系统总体介绍、智能交通沙盘系统实例、沙盘智能小车控制系统、智能停车场管理系统、智能 ETC 系统、智能交通灯系统、智能路灯管理系统和智能公交系统。

本书从基本概念到理论、应用，从不同角度介绍了物联网技术相关知识和智能交通领域的相关知识，可使学生从宏观上和微观上深度理解物联网技术与城市交通行业的结合方式。

本书适合作为高等学校物联网相关专业本科生教材，也可作为相关领域工程技术人员的参考书。

图书在版编目（CIP）数据

物联网系统设计与应用/黄姝娟，刘萍萍主编. —北京：
中国铁道出版社有限公司，2022.1
高等学校物联网专业系列教材
ISBN 978-7-113-28198-4

Ⅰ.①物… Ⅱ.①黄… ②刘… Ⅲ.①物联网-系统-设计-
高等学校-教材 Ⅳ.①TP393.4②TP18

中国版本图书馆 CIP 数据核字(2021)第 151079 号

书　　　名：**物联网系统设计与应用**
作　　　者：黄姝娟　刘萍萍

策　　划：刘丽丽　　　　　　　　　　编辑部电话：(010) 51873202
责任编辑：刘丽丽　彭立辉
封面制作：刘　颖
责任校对：苗　丹
责任印制：樊启鹏

出版发行：中国铁道出版社有限公司（100054，北京市西城区右安门西街 8 号）
网　　址：http://www.tdpress.com/51eds/
印　　刷：三河市兴达印务有限公司
版　　次：2022 年 1 月第 1 版　2022 年 1 月第 1 次印刷
开　　本：787 mm×1 092 mm　1/16　印张：11.5　字数：358 千
书　　号：ISBN 978-7-113-28198-4
定　　价：38.00 元

 前 言

　　物联网是国家新兴战略产业中信息产业发展的核心领域，对我国国民经济发展发挥着重要作用。目前，物联网是全球研究的热点，国内外都把物联网的发展提到了国家级的战略高度，成为继计算机、互联网之后，世界信息产业的第三次浪潮。

　　随着越来越多的物联网技术应用到各行各业，"智慧与产业"相结合的词语也越来越多地渗透到各种领域，如智慧农业、智慧工业、智慧家庭、智慧社区、智慧医疗、智慧物业、智慧城市、智慧地球等。而智慧城市则是其中一个较大的物联网智能项目，是众多物联网智能设备和硬件、软件的集合。在智慧城市中，智慧交通系统又是其重要的组成之一。

　　由于经济的飞速发展和城市化进程的加快，汽车保有量不断增加，随之而来的交通拥堵、环境污染、交通事故、资源紧张等现象，已经成为城市可持续发展所面临的主要障碍。而智能交通系统已被公认为解决当今世界范围内存在交通问题的有效途径。城市管理者通过对现有基础设施进行资本重组或建设来扩展其功能，以支持智能化解决方案，而物联网技术首当其冲。例如，传统智能交通灯系统就有很多需要改进的地方，如由于传统的交通信号灯功能单一，只是根据固定的一套程序来变换交通灯的颜色，而不会根据实际情况做出改变。另外，传统交通信号灯容易出故障，如果管理者不及时发现和维修，会造成交通的混乱和堵塞。智能交通信号灯利用传感器等相关的设备，能够捕获车辆的流量和运行情况，根据实际情况做出相应的改变，从而保证交通顺畅。当检测到信号灯出现硬件故障时，能够通过物联网技术上传数据，及时告知管理者，以便及时对故障进行维修，避免交通拥堵。此外，将摄像机整合到交通信号中或与路灯结合使用不仅可以帮助智慧城市跟踪交通流量并相应地调整城市照明，而且可以通过光线的强弱来调节路灯的灯光亮度。由于街道上有大量摄像机和传感器，不仅可以向交通管理中心提供实时数据，而且可以将该数据通过物联网技术发送到云端计算进行分析，然后根据分析结果得出反馈命令。除此之外，物联网技术还可以部署各种规格和各种功能的传感器，如运动检测照相机、激光雷达扫描仪、红外传感器、气象探测器和声音探测器可以通过不同方式测量行人和交通流量、空气质量、噪声以及车辆逆行情况。所有这些都离不开物联网技术在城市交通系统中的应用。由此可见，物联网技术在城市智能交通系统中的重大作用。

新技术发展需要大批专业技术人才。为适应国家战略性新兴产业发展需要，加大信息网络高级专门人才培养力度，许多高校利用已有的研究基础和教学条件设置传感网，修订人才培养计划，推进课程体系、教学内容、教学方法的改革和创新，以满足新兴产业发展对物联网技术人才的迫切需求。然而，真正能体现物联网技术与实际行业相结合又能让学生进行实际实验内容的教材却比较少。尤为典型的就是大部分高校为物联网专业建立起来的智能交通沙盘系统，虽然可以引导学生了解一些内容，但能把智能交通沙盘系统真正利用起来并作为物联网专业学生课程实例内容的并不多。

本书将物联网与城市智能交通结合起来，以智能交通沙盘系统为例，系统地讲述了物联网技术在智能小车、智能停车场、智能 ETC、智能交通灯、智能路灯、智能公交系统中的应用，体现了物联网技术在城市交通系统中的实现方法。目的是为了让学生从宏观上和微观上都能深度理解物联网技术与城市交通行业结合的方式。

本书首先对物联网技术进行了简单回顾，介绍了物联网体系结构，各层相关技术；然后将智能交通系统中存在的问题以及基本概念做了介绍，指出物联网技术与城市交通结合的方式；接着讲述了沙盘中的智能交通系统的各大部件以及组成方式，体现出物联网技术与智能小车、智能停车场、智能 ETC、智能交通灯、智能路灯、智能公交六个方面的结合方式，并加入了沙盘中体现物联网技术的设计方案。

本书从基本概念到理论到应用，从不同角度介绍了物联网技术相关知识、智能交通领域的相关知识、研究成果与实践应用，有利于读者将理论与实践相结合，将物联网相关技术与交通领域的内容相结合，比较全面、高效地掌握物联网技术。

本书由黄姝娟、刘萍萍任主编，王建国、杨博、杨盛泉、张雅任副主编，在编写过程中得到了王建国教授、刘宝龙教授、王中生教授、罗钧旻教授、喻钧教授的关心与帮助，以及中国铁道出版社有限公司编辑的热心支持，在此一并表示衷心的感谢！另外，本书配有电子资源，读者可到 http://www.tdpress.com/51eds/下载。

本书在编写过程中通过了联创中控（北京）教育科技有限公司的审核，并由联创中控（北京）教育科技有限公司技术总监计海锋担任主审。

由于时间仓促，编者水平有限，书中疏漏与不妥之处在所难免，敬请读者批评指正。

编　者

2021 年 6 月

目　　录

第1章

了解物联网

1.1 物联网概述

物联网（Internet of Things，IoT）是新一代信息技术的重要组成部分，是将各种信息传感设备与互联网结合起来而形成的一个巨大网络。顾名思义，"物联网就是物物相连的互联网"，其含义有两层意思：第一，物联网的核心和基础仍然是互联网，是在互联网基础上延伸和扩展的网络；第二，其用户端延伸和扩展到了任何物品与物品之间，进行信息交换和通信。因此，物联网涵盖范围十分广泛，不能仅仅局限于局部。

物联网又名传感网，它的定义很简单：就是通过使用射频识别（Radio Frequency Identification，RFID）、红外感应器、全球定位系统、激光扫描器等信息采集设备，按照约定的协议，把任何物品与互联网连接起来，进行信息交换和通信，以实现智能化识别、定位、跟踪、监控和管理的一种网路。它是集计算机、通信、网络、智能计算、传感器、嵌入式系统、微电子等多个领域综合交叉的新兴学科。它将大量多种类传感器组成自治的网络，实现对物理世界的动态协同感知，已经成为继计算机及通信网络之后推动信息产业的第三次浪潮。

国际电信联盟曾描绘"物联网"时代的图景：当驾驶人出现操作失误时汽车会自动报警；公文包会提醒主人忘带了什么东西；衣服会"告诉"洗衣机对颜色和水温的要求；等等。

1.1.1 物联网概念的发展历程

在国外，1991 年美国麻省理工学院（MIT）的 Kevin Ashton 教授首次提出物联网的概念。在 1995 年，Bill Gates 在《未来之路》一书中也提及了物联网的概念。1998 年，MIT 的 Kevin Ashton 提出把 RFID 技术与传感器技术应用于日常物品中形成一个"物联网"。1999 年，EPC global 的 Auto-ID 中心指出：物联网是成千上万的物品采用无线方式接入 Internet 的网络。2005 年，国际电信联盟（ITU）发布的《ITU 互联网报告 2005：物联网》报告指出，无所不在的"物联网"通信时代即将来临，物联网是通过 RFID 和智能计算等技术实现全世界设备互连的网络。世界上所有物体都可以通过因特网主动进行交换。2008 年，IBM 提出互联网＋物联网＝智慧地球，把传感器设备安装到电网、铁路、桥梁、隧道、供水系统、大坝、油气管道等各种物体中，并且普遍连接形成网络，即"物联网"。

在国内，2009 年 8 月 7 日，时任国务院总理温家宝在江苏考察中科院无锡高新微纳传感网工程研发中心时作出重要指示："要把传感系统和 3G 中的 TD 技术结合起来，在国家重大科技专项中，加快推进传感网发展，尽快建立中国的传感信息中心，或者叫'感知中国中心'"。同年 11 月，温家宝总理在《让科技引领中国可持续发展》中将物联网列为我国五大新兴战略性产业之一，并指示，"我相信一定能够创造出'感知中国'，在传感世界中拥有中国人自己的一席之地。我们要着力突破传感网、物联网的关键技术，及早部署后 IP 时代相关技术研发，使信息网络产业成为推动产业升级、迈向信息社会的发动机"。全国各地纷纷行动都在积极推进物联网的发展。2010 年 3 月，在十一届全国人大三次会议上作政府工作报告时，他指出，"今年要大力培育战略性新兴产业，加快物联网的研发应用"。

　　尽管我国的物联网技术在发展时间上相对于国外起步较晚,在核心技术的掌握能力上稍落后于发达国家,但中国科学院早在 1999 年就启动了传感网技术的研究,并取得了一系列的科研成果。2009 年以后,国内出现了对物联网技术进行集中研究的浪潮;2010 年物联网被写入了政府工作报告,发展物联网提升到发展战略高度。"十二五"时期,我国在物联网发展政策环境、技术研发、标准研制、产业培育以及行业应用方面取得了显著成绩,物联网应用推广进入实质阶段,示范效应明显;"十三五"规划纲要明确提出"发展物联网开环应用",致力于加强通用协议和标准的研究,推动物联网不同行业、不同领域应用间的互联互通、资源共享和应用协同。随着我国 5G 时代的到来,窄带物联网引领世界发展,在国际话语中的主导权不断提高。目前,中国基础电信企业都已启动 NB-IoT(窄带物联网)网络建设,将逐步实现全国范围广泛覆盖,2017 年全网基站规模超过 40 万站,一批省市已经开始了商用网络。未来在"互联网+"等战略带动下,物联网产业将呈现蓬勃生机。

1.1.2　物联网技术特点及存在的问题

　　物联网是实现物品与物品、物品与人之间的通信,其目标是将万物连接至网络。所以,物联网是互联网的延伸和扩展,其核心和基础仍然是互联网,其特点是无处不在的数据感知、以无线为主的信息传输、智能化的信息处理,用户端可以延伸和扩展到任何物品和物品之间进行信息交换和通信。

　　其主要特征如下:

　　(1)全面感知:利用 RFID、传感器、数码摄像机及其他各种感知设备随时随地地采集各种动态对象,全面感知世界。

　　(2)可靠传递:利用以太网、无线网、移动网将感知的信息进行实时的传送。

　　(3)智能处理:对物体实现智能化的控制和管理,真正达到了人与物、物与物之间的沟通。

　　(4)商业价值:除了传统互联网的商业价值,物联网的商业价值更多地同联网物品所属行业相结合,全球对于物联网经济规模都十分认同。中国社科院曾指出,未来物联网产业规模比互联网大 30 倍。市场研究机构 Market Study Report 发布的《物联网云平台市场报告》称,预计到 2027 年,全球物联网云平台市场规模将达到 129 亿美元。

　　物联网应用中有四项重要技术:

　　(1)网络通信技术:包含很多重要技术,其中 M2M 技术最为关键。M2M 是 Machine-to-Machine 的缩写,用来表示机器对机器之间的连接与通信。它是将数据从一台终端传送到另一台终端,也就是机器与机器的对话。比如,上班用的门禁卡、超市的条码扫描、NFC 手机支付等。从它的功能和潜在用途角度看,M2M 导致了整个"物联网"的产生。

　　(2)传感器技术:传感器是摄取信息的关键器件,它是物联网中不可缺少的信息采集手段。目前传感器技术已渗透到科学和国民经济的各个领域,在工农生产、科学研究及改善人民生活等方面,起着越来越重要的作用。

　　(3)嵌入式系统技术:是综合了计算机软硬件、传感器技术、集成电路技术、电子应用技术为一体的复杂技术。经过几十年的演变，以嵌入式系统为特征的智能终端产品随处可见。如果把物联网用人体做一个简单比喻，传感器相当于人的眼睛、鼻子、皮肤等感官；网络是神经系统，用来传递信息；嵌入式系统则是人的大脑，在接收到信息后要进行分类处理。

（4）云计算技术：云计算不是一种全新的网络技术，而是一种全新的网络应用概念。云计算的核心概念就是以互联网为中心，在网站上提供快速且安全的云计算服务与数据存储，让每一个使用互联网的人都可以使用网络上的庞大计算资源与数据中心，可以随时获取"云"上的资源，按需求量使用。云计算服务可以看成是无限扩展的，是一种按使用量付费的模式，这种模式提供可用的、便捷的、按需的网络访问，进入可配置的计算资源共享池（资源包括网络、服务器、存储、应用软件、服务），这些资源能够被快速提供，只需投入很少的管理工作，或者与服务供应商进行很少的交互。

物联网技术的发展可以带来巨大的经济效益和社会效益，我国要加快和推动物联网的持续发展，还需要解决一些问题，最主要的是核心技术、统一标准规范、信息安全和保护隐私等方面。

1. 核心技术有待突破

信息技术的发展促使物联网技术初步形成，我国物联网技术发展还处于初级阶段，存在的问题比较多，一些关键技术还处于初始应用阶段，急需优先发展的是传感器接入技术和核心芯片技术等。

首先，我国现阶段物联网中所使用的物联网传感器的连接技术受距离影响限制较大，由于传感器本身属于精密设备，对外部环境要求较高，很容易受到外部环境的干扰。

其次，我国物联网技术中使用的传感器存储能力有限，随着物联网发展的要求，对信息的存储量要求变大，其存储能力和通信能力还需要继续提高，且需求数量较大，现有的物联网能力不能满足物联网发展的需求。

最后，物联网技术的发展还需要有大量的传感器对信息进行传输，因此需要发展传感器网络中间技术，不断创新和完善新技术的应用。

2. 统一标准规范

物联网技术的发展对互联网技术有一定的依赖性。我国互联网技术尚未形成较为完善的标准体系，这在一定程度上阻碍了我国物联网技术的进一步发展。目前由于各国之间的发展以及感应设备技术的差异性，难以形成统一的国际标准，导致难以在短时间内形成规范标准。

3. 信息安全和保护隐私的问题

信息安全和隐私保护已经成为网络技术的重要内容。计算机技术和互联网技术在不断方便人们工作和生活的同时，也对人们的信息安全和隐私提出一定的挑战。这种问题在物联网技术的发展中也有重要影响。物联网技术主要是通过感知技术获取信息，因此如果不采取有效的控制措施，会导致自动获取信息，同时感应设备由于识别能力的局限性，在对物体进行感知的过程中容易造成无限制追踪问题，从而对用户隐私造成严重威胁。

因此，需要设立必要的访问权限，具体可以通过密钥管理，但由于网络的同源异构性，导致管理工作和保密工作存在一定的难度。此外，在不断加强管理，提高设备水平的同时，对物联网的发展成本也提出了较大的挑战。

1.2　物联网的体系结构

传统的物联网体系结构分为三层：上层是应用层，中层是数据传输层，下层是感知控制层，如图 1-1 所示。

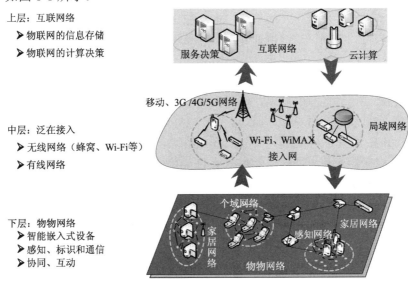

图 1-1　物联网三层体系结构

1.2.1　感知控制层

感知控制层包括传感技术、标识技术、定位技术等，如图 1-2 所示。

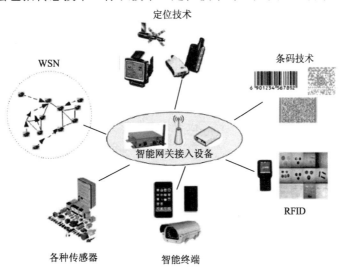

图 1-2　感知控制层技术

1. 传感技术

传感技术是指主要利用传感器传输数据。传感器可以感知周围环境或者特殊物质，如气体感知、光线感知、温湿度感知、人体感知等，它将模拟信号转化成数字信号，显示出形成的气体浓度参数、光线强度参数、温度湿度等数据。

传感器（Transducer/Sensor）是一种检测装置，它能够感受到被测量的信息，并将所感信息，按一定规律转换成电信号或者其他所需要形式的信息输出，用来满足信息的传输、存储、处理、记录、显示和控制等要求。

传感器的特点有：数字化、微型化、多功能化、智能化、网络化、系统化。它可以实现自动检测和自动控制。通常根据其基本感知功能分为热敏元件、光敏元件、气敏元件、力敏元件、磁敏元件、湿敏元件、声敏元件、放射线敏感元件、色敏元件和味敏元件十大类。

目前传感器经过许多年的发展，广泛应用于航天航空、国防科技和工农业生产等各个领域之中。常见的应用如下：

（1）自动门：利用人体的红外微波来开关门。

（2）烟雾报警器：利用烟敏电阻来测量烟雾浓度，从而达到报警目的。

（3）手机：其中的照相机，利用光学传感器来捕获图像。

（4）电子称：利用力学传感器（导体应变片技术）来测量物体对应变片的压力，从而达到测量重量目的。

（5）水位报警、温度报警、湿度报警、光学报警等。

下面介绍智能交通沙盘中应用的传感器类型。

1）红外传感器

红外传感系统是以红外线为介质的测量系统。红外传感器测量的原理是当有物体遮挡红外线对射管时，发射源被遮挡，红外线接收管无法导通，输出高电平。当红外线接收管被正面遮挡时，周围障碍物体反射由红外线发射管发出的红外线，由此可以判断是否有物体从红外线对射管中间通过。红外线技术在测速系统中已经得到了广泛应用，许多产品已运用红外线技术实现车辆测速、探测等。

2）光照传感器

光照传感器采用的是热点效应原理，这种传感器主要使用了对弱光性具有较高反应的探测部件，这些感应元件其实就像照相机的感光矩阵一样，内部有绕线电镀式多接点热电堆，其表面涂有高吸收率的黑色涂层，热接点在感应面上，而冷接点则位于机体内，冷热接点产生温差电势。在线性范围内，输出信号与太阳辐照度成正比。透过滤光片的可见光照射到进口光敏二极管，光敏二极管根据可见光照度大小转换成电信号，然后电信号会进入传感器的处理器系统，从而输出需要得到的二进制信号。

3）温湿度传感器

温湿度传感器是一种湿敏和热敏元件，采用数字集成传感器做探头，配以数字化处理电路，将环境中的温度和相对湿度转换成与之相对应的标准模拟信号，如 4~20 mA、0~5 V 或者 0~10 V，来测量温度和湿度。它可以同时把温度及湿度值的变化变换成电流/电压值的变化，可以直接同各种标准的模拟量输入的二次仪表连接。有的带有现场显示，有的不带有现场显示。温湿度传感器由于具有体积小、性能稳定等特点，广泛应用在生产、生活的各个领域。例如，485 型温湿度传感器，采用微处理器芯片电路，颗粒烧结探头护套，探头与壳体直接相连确保产品的可靠性、稳定性和互换性。输出信号类型为 RS485，能可靠地与上位机系统等进行集散监控，最远可通信 2 000 m，标准的 modbus 协议，支持二次开发。

2．标识技术

标识技术是指对物品进行有效的、标准化的编码与标识的技术手段，它是信息化的基础工作。随着人们对于健康和安全的意识越来越强，食品行业对产品的质量和安全性（从原料、运输，到生产、储藏以及涉及的追溯和管理）的要求越来越高、越来越多。标识能够在满足企业产品追踪、追溯需求等方面也起到很重要的作用。

标识技术主要有条码技术、IC 卡技术、射频识别技术、光符号识别技术、语音识别技术、生物计量识别技术、遥感遥测技术、机器人智能感知技术等。

无线射频识别即射频识别技术（Radio Frequency Identification，RFID），是自动识别技术的一种，其原理为阅读器与标签之间进行非接触式的数据通信，如图 1-3 所示。当标签进入阅读器阅读范围后，阅读器通过天线发出射频信号，标签接收到阅读器发出的信号后激活并返回信号给阅读器。该技术被认为是 21 世纪最具发展潜力的信息技术之一。RFID 的应用非常广泛，典型应用有动物晶片、汽车晶片防盗器、门禁管制、停车场管制、生产线自动化、物料管理等。

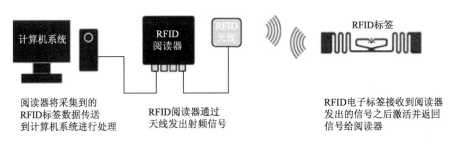

图 1-3　RFID 读写过程

1）RFID 系统的组成

RFID 系统是由射频识别卡、阅读器和应用系统构成。

（1）射频识别卡：射频识别卡又称电子标签，主要用来存储被标识物数据信息，其核心是一个集成电路。集成电路具有信息的收发和存储功能，存储容量为 1 024 bit 或更大。信息被存储在标签的保留区、EPC 存储区、TID 存储区或用户存储区中。由于射频识别卡在应用时经常被粘贴在被识别物体上，所以该装置也称作"电子标签"。射频识别卡中保存着一个物体的属性、状态、编号等信息。电子标签通常安装在物体表面，具有一定的无金属遮挡的视角。

（2）阅读器：阅读器根据使用的结构和技术不同可以是读或读/写装置，用于读取或写入射频识别卡中的数据，是 RFID 系统信息控制和处理中心。阅读器通常由耦合模块、收发模块、控制模块和接口单元组成。阅读器和标签之间一般采用半双工通信方式进行信息交换，同时阅读器通过耦合给无源标签提供能量和时序。在实际应用中，可进一步通过 Ethernet 或 WLAN 等实现对物体识别信息的采集、处理及远程传送等管理功能。它满足了对快速运动的多个物体或人员同时进行快速准确自动识别的需要，适合于要求读出距离远、识别速度快以及要求对多个卡片同时进行识别的应用领域。

（3）应用系统：射频识别卡和阅读器都必须与具体应用系统相关。

2）RFID 技术的工作原理

RFID 技术的基本工作原理并不复杂：标签进入阅读器后，阅读器发射一特定频率的无线电波能量，标签接收阅读器发出的射频信号，凭借感应电流所获得的能量发送出存储在芯片中的产品信息，或者由标签主动发送某一频率的信号，阅读器读取信息并解码后，送至中央信息系统进行有关数据处理。

从阅读器及电子标签之间的通信及能量感应方式来看，大致上可以分成：感应耦合及后向散射耦合两种。一般低频的 RFID 大都采用第一种方式，而较高频大多采用第二种方式。

（1）工作频率：RFID 技术的低频段射频标签，简称低频标签，其工作频率范围为 30~300 kHz。典型工作频率有 125 kHz、133 kHz。中高频段射频标签的工作频率一般为 3 ~ 30 MHz。典型工作频率为 13.56 MHz。超高频与微波频段的射频标签，简称微波射频标签，其典型工作频率为 433.92 MHz、862(902)~928 MHz、2.45 GHz、5.8 GHz。

（2）供电方式：按标签供电方式的不同主要分为有源标签和无源标签。

有源标签安装有电池或其他供电设备，主动侦测附近有无读写器，对读写器的发射功率要求低，拥有较长的有效读取距离和较大的存储容量。

无源标签不需要在标签上安装供电设备，在接收到读写器发出的微波信号后，将部分微波能量转化为直流电供自己工作。具有免维护、成本低、使用寿命长等优势。

（3）工作距离：按标签工作距离可分为紧密耦合系统、遥感耦合系统以及远距离耦合系统。紧密耦合系统的工作距离不足 10 cm；遥感耦合系统的工作距离为 1 m 左右，通过电磁感应传输商品的信息；远距离耦合系统的工作范围可达 10~100 m。

（4）UHF RFID 技术：超高频识别（UHF）技术是近几年新兴起的并迅速被推广的技术，是目前国际上最先进的第四代自动识别技术，它不仅具有识别距离远、准确率高、速度快等特点，还具有抗干扰能力强、使用寿命长、可穿透非金属材料等特点，应用范围广泛。它是为自动采集物品的属性、状态、编号等特征数据推出的一种可以实现数字化、信息化的管理手段，这种管理手段可广泛应用于生物、动物、物品以及人体等方面的身份自动识别。

3. 定位技术

磁导航传感器技术主要利用磁条、磁钉的磁场特性来研究磁信号检测、车辆与磁道、磁道钉之间的相对运动。磁导航传感器配合磁条实现自主导航，该类传感器具有一到多组微型磁场检测传感器，每个磁场检测传感器对应一个探测点。当磁导航传感器位于磁条上方时，每个探测点上的磁场传感器能够将其所在位置的磁带强度转变为电信号，并传输给磁导航传感器的控制芯片，控制芯片通过数据转换就能测出每个探测点所在位置的磁场强度。其具体实施就是在道路上埋设一定的导航设备（如磁钉或电线），通过变换磁极朝向进行编码，可以向车辆传输道路特性信息。磁导航传感器作为磁导航自动驾驶系统中信号检测的重要设备，具有至关重要的作用。

磁导航技术具有良好的健壮性和可靠性，并且不宜受到外界因素的干扰。目前，我国磁导航技术的研究主要参照永磁体。以智能交通系统为例，国家智能交通系统工程技术研究中心以车道中心线上布设的离散磁道钉为参考标记，通过车载的磁导航感应器探测磁道钉信号进而判断车辆的位置。

磁导航最大的优点是不受风雨等自然条件的影响，即使风沙或大雪埋没路面也一样有效。但磁导航系统的实施过程比较烦琐，且不易维护，变更路径需要重新埋设磁道钉或磁条。

GPS 导航可用于飞机、船舶、地面车辆及步行者。GPS 定位技术可为用户提供随时随地的准确位置信息服务。它的基本原理是将 GPS 接收机接收到的信号经过误差处理后解算得到位置信息，再将位置信息传给所连接的设备，连接设备对该信息进行一定的计算和变换（如地图投影变换、坐标系统的变换等）后传递给移动终端。

GPS 全球卫星定位导航系统，开始时只用于军事目的，后转为民用被广泛应用于商业和科学研究上。GPS 空间部分使用了 24 颗卫星组成的星座，卫星高度约 20 200 km，分布在六条升交点互隔 60°的轨道面上，每条轨道上均匀分布 4 颗卫星，相邻两轨道上的卫星相隔 40°，使得地球任何地方至少同时可看到 4 颗卫星。传统的 GPS 定位技术在户外运转良好，但在室内或卫星信号无法覆盖的地方效果较差，而且如果所在位置上空没有 3 颗以上的卫星，那么系统就无法从冷启动状态实现定位。

传统 GPS 技术由于过于依赖终端性能，即将卫星扫描、捕获、伪距信号接收及定位运算等工作集于终端一身，从而造成定位灵敏度低及终端耗电量大等缺陷。CDMA 定位技术将终端的工作简化，将卫星扫描及定位运算等最为繁重的工作从终端一侧转移到网络一侧的定位服务器完成，提高了终端的定位精度、灵敏度和冷启动速度，降低了终端耗电。

1.2.2　数据传输层

数据传输层包含长距离和短距离两种方式，每种方式都包含有线和无线两种类型，如图 1-4 所示。长距离技术包含类似广域网通信技术：早期有广电网、电信网、GPRS，现在是 4G、5G、LoRa 和 NB-IOT 等。短距离通信类似局域网技术，其中有线技术包括采用双绞线、同轴电缆以及光纤等方式连接。无线通信方式主要是 ZigBee、蓝牙、Wi-Fi 等技术。下面着重讲述长距离通信的 GPRS、5G、NB-IoT 以及 LoRa 技术和短距离无线通信技术。

图 1-4　数据传输技术

1．长距离通信技术

GPRS 是通用分组无线业务（General Packet Radio Service）的英文简称，是 2G 迈向 3G 的过渡产业，是在全球移动通信系统（Global System for Mobile Communications，GSM）上发展出来的一种长距离通信的承载业务，目的是为 GSM 用户提供分组形式的数据业务。它特别适用于间断的、突发性的、频繁的、少量的数据传输，也适用于偶尔的大数据量传输。GPRS 理论带宽可达 171.2 kbit/s，实际应用带宽为 40~100 kbit/s。除了手机通信以外，包括 POS 机、共享单车、车载 GPRS 等移动应用均有较广的使用。后期升级为 3G、4G、5G 等。

5G，即第五代移动通信技术（the 5th generation mobile networks 或 the 5th generation wireless systems、5th-Generation，简称 5G 或 5G 技术）是最新一代蜂窝移动通信技术，也是继 4G（LTE-A、WiMax）、3G（UMTS、LTE）和 2G（GSM）系统之后的延伸。5G 的性能目标是高数据传输速率、减少延迟、节省能源、降低成本、提高系统容量和大规模设备连接。Release-15 中的 5G 规范的第一阶段是为了适应早期的商业部署。Release-16 的第二阶段于 2020 年 4 月完成，作为 IMT-2020 技术的候选提交给国际电信联盟（ITU）。ITU IMT-2020 规范要求传输速率高达 20 Gbit/s，可以实现宽信道带宽和大容量 MIMO（多进多出）技术。5G 有 3 个标准，分别是 LTE（授权频道）、LTE-U（非授权频道）和 NB-IoT（授权频道）。

NB-IoT，即基于蜂窝的窄带物联网（Narrow Band Internet of Things，NB-IoT）属于中远距离通信技术，工作频率在 433~912 MHz，有效通信距离应该在 5~10 km 以内，是这两年由华为等通信服务商牵头的标准，获得国家的支持，主要面向物联网、智能家居应用，以及电表/水表/电网等国家基础设施上使用，成为万物互联网络的一个重要分支。5G 技术带来的绝不仅仅是更快的网速，而是将万物智能互联成为可能，而 NB-IoT 俗称 4.5G，是 5G 商用的前奏和基础，除了具有高达 1 Gbit/s 的峰值速率，还意味着基于蜂窝物联网的更多连接数，支持 M2M 连接以及更低时延和超低的功耗。因此，NB-IoT 的演进更加重要，例如支持组播、连续移动性、新的功率等级等。NB-IoT 技术为物联网领域的创新应用带来勃勃生机，给远程抄表、安防报警、智慧井盖、智慧路灯等诸多领域带来了创新突破。

NB-IoT 与 GPRS 最大的区别在于，NB-IoT 功耗远低于 GPRS，这样可以解决很多应用领域供电麻烦，而且 NB-IoT 结构相对简单，成本低，而且使用的频段是免费的，所以既低功耗又低成本，未来可以创造很多原本没有的无线应用。比如，烟感报警器、电网故障检测仪、各类家居传感器和控制器、区域内物体移动监测（手环）、工业流水线监测等。

LoRa 作为低功耗广域网（LPWAN）的一种长距离通信技术，近些年受到越来越多的关注。它是美国 Semtech 公司采用和推广的一种基于扩频技术的超远距离无线传输方案。许多传统的无线系统使用频移键控（FSK）调制作为物理层，因为它是一种实现低功耗的非常有效的调制。LoRa 是基于线性调频扩频调制，它保持了像 FSK 调制相同的低功耗特性，但明显地增加了通信距离。LoRa 技术本身拥有超高的接收灵敏度（RSSI）和超强信噪比（SNR）。此外，使用跳频技术，通过伪随机码序列进行频移键控，使载波频率不断跳变而扩展频谱，防止定频干扰。目前，LoRa 主要在全球免费频段运行，包括 433 MHz、868 MHz、915 MHz 等。它的最大特点就是：传输距离远、工作功耗低、组网节点多。LoRa 的终端节点可能是各种设备，如水表气表、烟雾报警器、宠物跟踪器等。这些节点通过 LoRa 无线通信首先与 LoRa 网关连接，再通过无线网络或者以太网连接到网络服务器中，网关与网络服务器之间通过 TCP/IP 协议通信。LoRa 网络主要由终端（可内置 LoRa 模块）、网关（或称基站）、网络服务器以及应用服务器组成，应用数据可双向传输。LoRaWAN 网络架构是一个典型的星状拓扑结构，在这个网络架构中，LoRa 网关是一个透明传输的中继，连接终端设备和后端中央服务器。终端设备采用单跳与一个或多个网关通信。所有的节点与网关间均是双向通信。

2．短距离通信技术

ZigBee 技术是一种无线通信网络技术，其主要是为工业现场自动化控制所需的相关数据传输而建立，具有价格低廉、使用简单、方便、工作可靠等优点。ZigBee 网络中的每个节点不仅可以单独连接传感器进行数据采集和监控，还可以作为中转，将其他节点传输的消息传送到相关目标节点。除此之外，ZigBee 网络中每个单独的节点还可以和节点覆盖范围之内的孤立节点进行无线连接，这些孤立节点通常不承担网络信息的中转任务。其物理层和介质访问层采用 IEEE 802.15.4 协议标准；网络层是由 ZigBee 技术联盟制定；而其应用层则根据用户的需求，对其进行开发利用。ZigBee 的技术特性决定它将是无线传感器网络的最好选择。

ZigBee 技术作为一种无线连接，工作在 2.4 GHz、868 MHz 和 915 MHz 这 3 个频段，分别具有最高 250 kbit/s、20 kbit/s 和 40 kbit/s 的传输速率，它传输的距离在 10~75 m 范围内。作为一种无线的通信技术，ZigBee 具有如下特点：

（1）传输速率低：ZigBee 的数据传输速率只有 10～250 kbit/s，ZigBee 无线传输网络专注于低速率传输的应用。同时无线传感器网络不传输语音、视频之类的大数据量的采集数据，仅仅传输一些采集到的温度、湿度之类的数据，所以 WSN 对传输速率的需要不是那么高。

（2）功耗低：ZigBee 设备具有特殊的电源管理模式，网络中的节点工作周期很短，大部分时间处于休眠模式，无线传感器网络（WSN）在休眠状态下的功率只有 1 μW，工作状态为短距离通信的情况下一般功率为 30 mW，这也是 ZigBee 的支持者所一直引以为豪的独特优势。由于 WSN（Wireless Sensor Network）的节点对功耗的需求极其苛刻，传感器节点需要在危险（比如战场、核辐射）的区域持续工作数年而不更换供电单元。ZigBee 的耗电符合这一需求。据统计，正常情况下仅用两节五号电池，ZigBee 设备工作时间可长达五年之久。

（3）成本低：因为 ZigBee 数据传输速率低，因此使用的协议简单，ZigBee 协议设计得比较紧凑，降低了芯片制造的难度，所以大大降低了 ZigBee 的成本，这也正是蓝牙系统所不具备的。目前，美国 TI 公司生产的 ZigBee 芯片体积为 6 mm×6 mm，且配套的开发协议对用户完全开源免费。无线传感器网络中可以具有成千上万的节点，如果不能严格地控制节点的成本，那么网络的规模必将受到严重的制约，从而将严重地制约 WSN 的强大功能。随着半导体集成技术的发展，ZigBee 芯片的体积将会变得更小，成本也会降得更低。

（4）网络容量大：一个 ZigBee 网络的理论最大节点数是 2^{16}，也就是 65 536 个节点，远远超过蓝牙的 8 个和 Wi-Fi 的 32 个。网络中的任意节点之间都可进行数据通信。由于 WSN 的能力很大程度上取决于节点的多少，也就是说可容纳的传感器节点越多，WSN 的功能越强大。所以，ZigBee 的网络容量大的特点非常符合 WSN 的需要。

（5）有效范围大：ZigBee 网络的有效范围非常大，根据 ZigBee 设备的制作技术，不同节点间的通信距离可以从标准的 75 m 无限扩展。对于单个 ZigBee 节点可以通过增加发射功率提高通信距离，但是越高的发射功率意味着越高的功耗。在合理的发射功率范围之内，可以通过增加网络节点数量，来解决 ZigBee 网络的远距离通信问题。ZigBee 网络还可以通过接口卡等多种方式，与各种网络以及其他通信系统线相连接，从而可以实现远程的操控。也可以通过其他的网络，将两个或多个局部的 ZigBee 网络连接在一起。

（6）工作频段灵活：使用的频段分别为 2.4 GHz、868 MHz（欧洲）及 915 MHz（美国），均为免执照频段，具有 16 个扩频通信信道。相应的，WSN 采取 2.4 GHz 工作频段的特性将会更有利于 WSN 的发展。

（7）安全：ZigBee 提供了数据完整性检查和鉴权功能，硬件本身支持 CRC 和 AES-128 加密算法。网络层加密是通过共享的网络密钥来完成，而设备层是通过唯一连接密钥在两端设备间完成加密。这一安全特性能很好地适应军事需要的无线传感器网络。

（8）自动动态组网、自主路由：WSN 网络是动态变化的，无论是节点的能量耗尽，或者节点被敌人俘获，都能使节点退出网络，而且网络的使用者也希望能在需要的时候向已有的网络中加入新的传感器节点。这就希望 WSN 具有动态组网、自主路由的功能，而 ZigBee 技术正好解决了 WSN 的这一需要。

蓝牙是一种支持设备短距离通信（一般 10 m 内）的无线电技术，能在移动电话、PDA、无线耳机、笔记本计算机、相关外设等众多设备之间进行无线信息交换。蓝牙作为一种小范围无线连接技术，能在设备间实现方便快捷、灵活安全、低成本、低功耗的数据通信和语音通信，因此它是目前实现无线个域网通信的主流技术之一，能够让各种数码设备无线沟通。

蓝牙技术是一种利用低功率无线电在各种 3C 设备间彼此传输数据的技术。它使用 IEEE 802.11 协议，工作在全球通用的 2.4 GHz ISM（即工业、科学、医学）频段，是一种无线数据与语音通信的开放性全球规范。它以低成本的近距离无线连接为基础，为固定与移动设备通信环境建立一个特别连接。其实质内容是为固定设备或移动设备之间的通信环境建立通用的无线电空中接口（Radio Air Interface），将通信技术与计算机技术进一步结合起来，使各种 3C 设备在没有电线或电缆相互连接的情况下，能在近距离范围内实现相互通信或操作。

例如，蓝牙智能手表可以在用户游泳或外出跑步时收集数据。随后，这些数据会自动传输至智能手机。手表还可以作为中枢设备，与多个其他收集不同数据的可穿戴设备进行信息交换。这些数据会从所有设备中收集起来并汇总，然后传输和记录至智能手机中，以供用户分析和追踪健康状况变化。这在创建支持多个角色的创新产品时具有更高的灵活性，在可穿戴技术日趋成熟和依赖传感器的情况下尤为有用。

Wi-Fi 是常用的无线网络技术，几乎所有的智能手机、平板计算机和笔记本计算机都支持 Wi-Fi 上网，它是当今使用最广泛的一种无线网络传输技术。目前人们用到的 Wi-Fi 大多基于 IEEE 802.11n 无线标准，数据传输速率可达 300 Mbit/s。但是，802.11n

正逐步退出物联网舞台，新的 802.11ac 标准正在进入 Wi-Fi 技术市场，应用新标准的 Wi-Fi，传输速率将增加十倍。

802.11ac Wi-Fi 技术的理论传输速率虽已达 Gbit/s，但其实这是整体 Wi-Fi 网络容量，实际上个别 Wi-Fi 设备所分配到的带宽，很少能达到这个标准。因此，IEEE 制定 802.11ax 的目标，着重在改善个别设备的联网效能，尤其是在同一 Wi-Fi 网络环境中，同时支持多个用户连接的情况。

然而，大多数人都在关注 802.11ac 等新一代 Wi-Fi 技术的时候，出现了另一种更快的短距离无线传输技术 WiGig，运行在 60 GHz 频段，理论峰值可以达到 7 Gbit/s。相比目前广泛部署的 Wi-Fi 技术，其传输距离更短，但是速度却是 802.11n 技术的 10 倍多。这意味着不仅可以在短距离内实现高速传输，还可以避免其他设备干扰，提高频率利用率。

与此同时，WiGig 标准的另一大优势在于它可以跟目前的 Wi-Fi 很好地融合。WiGig 技术很大部分是由传统 Wi-Fi 技术延伸而来的，因此它能够向下兼容 802.11n：当用户距离 AP（热点）较远时，其无线连接将自动选择传输速率较慢但传输距离更远的频段（如 802.11n）；而当用户距离 AP 较近时，系统将自动切换到 60 GHz 频段，以获得更高的连接速率。此外，在信号加密方面，WiGig 设备兼容 802.11 的 WPA2 加密算法，确保它与现有无线网络的互联互通。

1.2.3　应用层

物联网的应用层相当于整个物联网体系的大脑和神经中枢，该层主要解决计算、处理和决策的问题。应用层的主要技术是基于软件技术和计算机技术，其中，云计算是物联网的重要组成部分。

物联网应用层利用经过分析处理的感知数据，为用户提供丰富的特定服务，包括制造领域、物流领域、医疗领域、农业领域、电子支付领域、环境监测领域、智能家居领域等。物联网的应用可分为监控型（物流监控、污染监控）、查询型（智能检索、远程抄表）、控制型（智能交通、智能家居、路灯控制）、扫描型（手机钱包、高速公路不停车收费）等。

物联网应用层的主要功能是处理网络层传来的海量信息，并利用这些信息为用户提供相关的服务，为最终的目的层级。利用该层的相关技术可以为广大用户提供良好的物联网业务体验，让人们真正感受到物联网对人类生活的巨大影响。其中，合理利用以及高效处理相关信息是物联网应用层急需解决的问题，而为了解决这一技术难题，物联网应用层需要利用中间件、M2M、信息融合等技术。

1. 中间件

在物联网构建的信息网络中，中间件主要作用于分布式应用系统，使各种技术相互连接，实现各种技术之间的资源共享。作为一种独立的系统软件，中间件可以分为两部分：一是平台部分；二是通信部分。利用这两部分，中间件可以连接两个独立的应用程序，即使没有相应的接口，亦能实现这两个应用程序的相互连接。中间件由多种模块组成，包括实时内存事件数据库、任务管理系统、事件管理系统等。

总体来说，中间件具有以下特点：一是可支持多种标准协议和标准接口；二是可以应用于 OS（Operating System）平台，也可应用于其他多种硬件；三是可实现分布计算，在不受网络、硬件以及 OS 影响的情况下，提供透明应用和交互服务；四是可与多种硬件结合使用，并满足它们的应用需要。作为基础软件，中间件具有可重复使用的特点。中间件在物联网领域既是基础，又是新领域、新挑战。中间件的使用极大地解决了物联网领域的资源共享问题，它不仅可以实现多种技术之间的资源共享，也可以实现多种系统之间的资源共享，类似于一种能起到连接作用的信息沟通软件。利用这种技术，物联网的作用将被充分发挥出来，形成一个资源高度共享、功能异常强大的服务系统。从微观角度分析，中间件可实现将实物对象转换为虚拟对象的效用，而其所展现出的数据处理功能是该过程的关键步骤。要将有用信息传输到后端应用系统，需要经过多种步骤，如对数据进行收集、汇聚、过滤、整合、传递等，而这些过程都需要依赖于物联网中间件才能顺利完成。物联网中间件能有如此强大的功能，离不开多种中间件技术的支撑，这些关键性技术包括上下文感知技术、嵌入式设备、Web 服务、Semantic Web 技术、Web of Things 等。

2．M2M

M2M（Machine-to-Machine，机器对机器）的核心功能是实现机器终端之间的智能化信息交互。它是物联网的基础技术之一，通过智能系统将多种通信技术统一结合，形成局部感应网络，适用于多种应用领域，如公共交通、自动售货机、自动抄表、城市规划、环境监测、安全防护、机械维修等。M2M 技术旨在将一切机器设备都实现网络化，让所有生产、生活中的机器设备都具有通信的能力，实现物物相连的目的。当前大多数是以连接人、机器、系统为主要形式的物联网系统。未来将使无数个 M2M 系统相互连接，便可实现物联网信息系统的构建。总之，M2M 技术将加快万物联网的进程，推动人们生产和生活的新变革。

如果将物联网比作一个万物相连的大区间，那么 M2M 就是这个区间的子集。所以，实现物联网的第一步是先实现 M2M。目前，M2M 是物联网最普遍也是最主要的应用形式。要实现 M2M，需用到三大核心技术，分别是通信技术、软件智能处理技术和自动控制技术。通过这些核心技术，利用获取的实时信息可对机器设备进行自动控制。利用M2M 所创造的物联网只是初级阶段的物联网，还没有延伸和拓展到更大的物品领域，只局限于实现人造机器设备的相互连接。在使用过程中，终端节点比较离散，无法覆盖到区域内的所有物品，并且，M2M 平台只解决了机器设备的相互连接，未实现对机器设备的智能化管理。但作为物联网的先行阶段，M2M 将随着软件技术的发展不断向物联网平台过渡，未来物物联网的实现将不无可能。

3．信息融合

信息融合又称数据融合，也称为传感器信息融合或多传感器信息融合，是利用计算机技术对按时序获得的若干传感器的观测信息在一定准则下加以自动分析、综合处理，以完成所需的决策和评估任务而进行的信息处理过程。也是一个对从单个和多个信息源获取的数据和信息进行关联、相关和综合，以获得精确的位置和身份估计，以及对态势和威胁及其重要程度进行全面及时评估的信息处理过程。按照数据抽象的不同层次，融合可分为三级，即像素级融合、特征级融合和决策级融合。

（1）像素级融合是指在原始数据层上进行的融合，即各种传感器对原始信息未做很多预处理之前就进行的信息综合分析，这是最低层次的融合。

（2）特征级融合属于中间层次，它对来自传感器的原始信息进行特征提取，然后对特征信息进行综合分析和处理。

特征级融合可划分为两类：目标状态信息融合和目标特性融合。

特征级目标状态信息融合主要用于多传感器目标跟踪领域。融合系统首先对传感器数据进行预处理以完成数据校准，然后实现参数相关和状态向量估计。

特征级目标特性融合就是特征层联合识别，具体的融合方法仍是模式识别的相应技术，只是在融合前必须先对目标特征进行相关处理，把特征向量分类成有意义的组合。

（3）决策级融合是一种高层次融合，其结果为指挥控制决策提供依据。因此，决策级融合必须从具体决策问题的需求出发，充分利用特征融合所提取的测量对象的各类特征信息，采用适当的融合技术来实现。决策级融合是三级融合的最终结果，直接针对具体决策目标，融合结果直接影响决策水平。

1.3　物联网应用领域

如今在社会生活中的物联网技术应用也变得越来越多。共享单车、移动 POS 机、电话手表、移动售卖机等产品都是物联网技术的实际应用。智慧城市、智慧物流、智慧农业、智慧交通等场景中也用到了物联网技术，如市政管理、智慧交通、环境监测、智能家居、工业监控、国防军事、防灾减灾、医疗监护、共享设备等。可以说，物联网技术能应用于各种领域，无论政府部门、个人、企业，没有它涉及不到的地方。物联网可以形成智慧园区、智慧城市、智慧国家甚至智慧地球等。

在智慧城市中，物联网技术可以应用于市政管理、节能减排、智能建筑、公共安全、智能交通等很多方面。其中，在市政管理方面，可以应用于城市部件，如广告牌、停车场、市政车辆、垃圾物流、市政井盖、古木名树、地下管网、路灯监测、市政供暖监测、公共场所环境监测等。也可以应用于城市事件，如聚集、游商、闯入禁区等。图 1-5 所示为"感知北京"城市物联网技术框架示例。

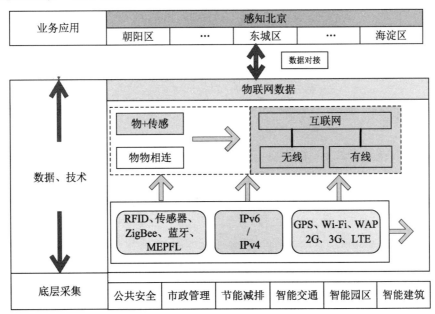

图 1-5　感知城市物联网技术框架示例

　　物联网目前可应用于城市的节能减排、消防检测、公共场所温度监测、水电风气监测、能源设备安全、燃气储气输送安全监测、电力变电设备和传输设备的监控、照明智能控制等；智能家居中的空调无线监控、智能电网中智能电表记录用户的用电习惯、无线抄表、远程上传等。

　　物联网应用于公共安全：自然灾害、气象灾害、事故灾难、电梯安全、地下空间事故、危化品事故等。应用于公共卫生和社会安全："三品一械"安全事件、重特大群体性事件、公共场所治安事件等。

　　物联网应用于城市交通：交通引导、Bus 通告、停车场信息获取、事件发现/处理/发布、车辆自身状况的发布、乘客通信和娱乐、城市人员分布/流动及自动收费等。

　　总之，物联网技术应用十分广泛，可以应用各行各业。图 1-6 所示为物联网部分应用场景。

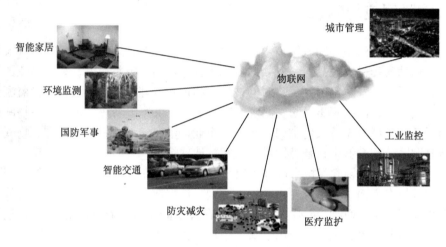

图 1-6　物联网部分应用场景

第2章

智能交通系统总体介绍

2.1　城市交通系统概述

近年来，随着城市机动车拥有量的暴涨，交通运输在国民经济和现代社会发展中的地位日益突出。而原有城市的基础设施、交通管理设施和管理能力已经跟不上交通需求发展的速度，交通供需平衡被打破，基础设施的缺陷和弊端不断暴露出来，交通管理的科技水平明显不足。企业需要提高运营效率与服务质量；旅行者需要可靠的出行信息来减少旅行时间与旅行压力、提高安全性与可靠性，需要高质量的运输服务与便捷的支付手段；驾驶人需要最新的交通信息、及时危险警告、推荐最佳的行车线路、适宜的速度限制、在不利的道路与天气条件下对驾驶人的有效支持、对紧急情况的快速反应。政府管理者需要更好地利用现有的交通运输基础设施提高安全性，改善环境。这些越来越高的交通需求是传统交通运输系统所难以满足的，城市道路交通管理工作面临着严峻的挑战。而"物联网+智能交通"系统恰恰适应了现代社会经济发展的客观要求。物联网技术在智能交通系统中的有效应用可使交通运输效益得到显著提高。

2.1.1　交通现状

当前，现有的交通管理系统，以人工干预和管理、路口信号控制为主，路面信息采集点少，车路管理分离，系统间独立运作，信息提供不完善、不精确、不及时。主要表现如下：

（1）当前的智能交通系统信息采集手段单一，交通决策的准确度无法保障，系统的运行和决策需要大量的人工参与、人工干预和人工判别，智能化和自动化水平较低。

（2）部分高昂的传感设备成本限制了智能交通系统的大范围、大批量部署，少量路面信息采集主要集中于以路口为主的路网主节点，这种局限性导致不能全面、有效收集交通系统中的各种信息，无法动态、准确地反映交通系统的状态。

（3）现有节点设备采集的信息不能互通，不同设备商系统间或设备间接口不开放，交通信息无法有效利用，导致独立系统的判决结果不具备综合性和全局性，数据信息的采集手段单一，无法综合分析多种信息感知节点的数据来源，获得准确的信息决策结果。

（4）智能交通系统部署没有统一规划，主要体现在，系统重复建设、系统独立运行、系统信息采集和管理决策无法统一协调。当涉及节点和设备数目众多时，部署后系统维护难，不能有效推动智能交通系统的健康快速发展。

2.1.2　城市交通面临的问题

当前城市交通面临的最大问题是拥堵、泊车难、交通事故剧增以及环境污染和资源紧张等问题。

当前，大城市交通道路 90%以上处于饱和或超饱和状态，早晚流量高峰期间整个城区的道路基本处于拥堵状态，上下班车流量大，交通状况极不乐观。尤其是校园周边、早晚高峰交通压力骤增；有大型活动的周边道路交通流量大；假期出游热点地区易出现车辆排队情况；目前能采用的方法是路网加密，建立比较完善的微循环系统；通过微博以及导航软件发布实时路况，让出行者及时选择绕行路线，以避免增加拥堵；在校园周边即停即走，轻微交通事故自行快速处理等方法。图 2-1 所示为城市交通拥挤实例，图 2-2 所示为高速公路交通拥挤实例。

图 2-1　城市交通拥挤实例　　　　　　　图 2-2　高速公路交通拥挤实例

与此同时，随着车辆的增多，城市停车位严重不足，据统计某一线城市每百辆机动车辆拥有的车位只有 17 个，市中心停车位更严重短缺，道路两侧违章停车现象的增多，使本就不堪重负的道路变得更加狭窄，加剧了交通拥堵。此外，道路施工也同样会加剧现阶段的交通拥堵，导致路网的通行能力更加不稳定。

据世界卫生组织 2018 年的 *GLOBAL STATUS REPORT ON ROAD SAFETY* 报道：2016年，全球道路交通死亡人数为 135 万，其中低收入和中等收入国家每 10 万人口的道路交通死亡率分别为 27.5 人和 19.2 人，高于高收入国家的 8.3 人。非洲地区的道路交通死亡率最高为 26.6 人，而欧洲地区的道路交通死亡率最低为 9.3 人。

环境污染是我国面临的又一大问题，汽车排出的污染物占大气污染物总量的 60% 以上。交通噪声（主要是汽车）占城市环境噪声的 70% 以上。车辆是影响城市环境的主要原因之一，比工厂更甚。在我国，交通噪声所占的比例为 40% 左右。

交通对资源的影响，包括能源和土地。能源消耗：依赖于公路运输系统的运行状态。在拥挤情况下，由于车辆不得不频繁地加减速和启动、制动，能源的消耗很大。土地的消耗：在美国，城市面积的 28% 被公路、车辆占用。在佐治亚州的亚特兰大市的商业区大约 54% 的面积被用作道路和停车场，而高峰时还不够。用地紧张在某些方面又间接地导致城市交通变差，形成恶性循环。

总之，在交通拥挤状态下，特别是严重拥挤状态下，可能导致事故发生、能量消耗、空气污染、噪声污染和时间损失等。

2.1.3　解决城市交通问题的方法

解决城市交通问题的方法就是完善和修建更多的交通基础设施，采用先进的科学技术来对高速公路网络或城市交通进行更有效的控制和管理。这些技术包括先进的信息技术、通信技术、计算机技术、电子技术、自动控制技术、运筹学、人工智能理论等。当这些技术应用到智能交通系统时，城市交通未来发展将会是智能公共汽车、智能汽车、智能公路、智能卡车和智能旅行者等系统的结合，将会使得人、路、车辆成为一体化实体，如图 2-3 所示。图 2-4 所示为物联网技术在交通道路上的应用示意图。

利用物联网技术就是采用先进的数据采集手段、网络通信方法以及强大的信息处理平台和综合的数据分析能力，有力推动智能交通系统的蓬勃发展，全面实现交通管理的

"实时性、全局性和智能性"。

图 2-3　人、路、车辆一体化　　　　图 2-4　物联网技术在交通道路上的应用示意图

实时性——系统能够即时采集并传输交通信息，从而动态地反映和判别交通系统的运行状况，并支持动态实时的交通管理。

全局性——传感器节点的大规模部署，按照"共性平台+个性子集"的模式，不同应用场景和应用领域统一在相同的"共性平台"体系架构下，既避免了智能交通系统建设的重复投资，又保证了全局的和局部的系统交通信息的全面掌握。

智能性——基于物联网技术的智能交通系统具有可感知、可判断、可控制、可管理，以及自动、动态、全局的基本智能特征。多种类异构节点的叠加部署实现了信息采集手段的多样性，结合协同处理和模式识别，能够保证智能交通系统判知和决策的准确性和智能化，减少人工干预工作量和交通管理资源投入。

2.2　智能交通的基本概念

2.2.1　智能交通系统概述

智能交通系统（Intelligent Transport System，ITS）是一个基于现代电子信息技术面向交通运输的服务系统。它是以完善的交通设施为基础，将先进的信息技术、数据通信技术、控制技术、传感器技术、运筹学、人工智能和系统综合技术有效地集成应用于交通运输、服务控制和车辆制造，加强车辆、道路、使用者三者之间的联系，从而形成一种定时、准时、高效的综合运输系统，使交通基础设施发挥出最大的效能，提高服务质量，使社会能够高效地使用交通设施和资源。它的突出特点是以信息的收集、处理、发布、交换、分析、利用为主线，为交通参与者提供多样性的服务。也就是利用高科技使传统的交通模式变得更加智能化，更加安全、节能、高效。简而言之，智能交通系统（ITS）是未来交通系统的发展方向，它是将先进的信息技术、数据通信传输技术、电子传感技术、控制技术及计算机技术等有效地集成运用于整个地面交通管理系统而建立的一种在大范围内、全方位发挥作用的，实时、准确、高效的综合交通运输管理系统。

物联网作为新一代信息技术的重要组成部分，通过射频识别、全球定位系统等信息感应设备，按照约定的协议，把任何物体与互联网相连，进行信息交换和通信。随着物联网技术的不断发展，也为智能交通系统的进一步发展和完善注入了新的动力。ITS 可以有效地利用物联网技术帮助现有交通设施、减少交通负荷和环境污染、保证交通安全、提高运输效率，因而，日益受到各国的重视。中国物联网校企联盟认为，智能交通的发展与物联网的发展是分不开的，只有物联网技术不断发展，智能交通系统才能越来越完善。智能交通是交通的物联化体现。

2.2.2 智能交通系统所涵盖的内容

1．交通信息服务系统（ATIS）

ATIS 是建立在完善的信息网络基础上，交通参与者通过装备在道路上、车上、换乘站上、停车场上以及气象中心的传感器和传输设备，可以向交通信息中心提供各地的实时交通信息；该系统得到这些信息并通过处理后，实时向交通参与者提供道路交通信息、公共交通信息、换乘信息、交通气象信息、停车场信息以及相关的其他信息；出行者根据这些信息确定自己的出行方式，选择路线，当车上装备了自动定位和导航系统时，该系统甚至可以帮助驾驶人自动选择行驶路线。

目前交通信息服务系统需要提供如下功能：

（1）行人资讯服务：可变资讯标识（CMS），公路路况广播（Highway Advisory Radio，HAR），全球卫星定位系统（Global Positioning System，GPS），最佳路线引导、电视、广播路况报道，无线电通信（Wireless Communications），车辆导航，交通资讯查询。

（2）弱势群体保护服务：路口行人触动及警示接近车辆、机车前方路况警示、身心障碍人士服务设施、道路设施有声标志、PDA 路径引导 LED 个人显示设备。

（3）先进出行者信息系统：向出行者提供当前的交通和道路状况等，以帮助出行者选择出行方式、出行时间和出行路线；还可为出行者提供准确实时的地铁、轻轨和公共汽车等公共交通的服务信息。

2．交通管理系统（ATMS）

ATMS 的核心与基础就是利用传感、通信及控制等技术，实现先进交通控制中心、动态交通预测智能控制交通信号、车辆导航、电子式自助收费（ETC）、可变信息标识（Changeable Message Sign，CMS）、最近线路导引等功能；这些功能有一部分与 ATIS 共同进行信息采集、处理和传输，但 ATMS 主要是给交通管理者使用的，它将对道路系统中的交通状况、交通事故、气象状况和交通环境进行实时监视，根据收集到的信息，对交通进行控制，如信号灯、发布诱导信息、道路管制、事故处理与救援等。包括城市交通控制系统、高速公路管理系统、应急管理系统、公交优先系统、不停车自动收费系统、需求管理系统等。

交通实时信息综合采集，包括道路条件、交通状况、服务设施位置、导游信息等。通过 CMS、广播、电视等方式实现多方式交通信息发布，车载定位导航，交通、旅游和旅行者信息服务，交通信息交互式服务，车辆信息，驾驶人信息等。

3．公共交通系统（APTS）

这个系统的主要目的是改善公共交通的效率（包括公共汽车、地铁、轻轨地铁、城郊铁路和城市间的长途公共汽车），使公交系统实现安全便捷、经济、运量大的目标。APTS 包括两大类：一类是公共运输系统，主要利用 ATMS、ATIS 与 AVCSS 的技术服务，进行自动车辆监视（Automatic Vehicle Monitoring，AVM），自动车辆定位（AVL），公车计算机排班，公车计算机辅助调度，车内、站内信息显示，双向通信，最佳路线引导，公车资讯查询。典型实例如利用 GPS 和移动通信网对公共车辆进行定位监控和调度、采用 IC 卡进行客运量检测和公交出行收费等。另一类是商用车辆运营系统，主要针对货运和远程客运企业，利用卫星、路边信号标杆、电子地图、车辆自动定位与识别、自动分类与称重等设备与技术，进行调度管理、行进间车辆测重（WIM）、电子式自助收费（ETC）、移动路径、自动货物辨识（Automatic Cargo Identification，ACI）、客运量自动检测、行驶信息服务、电子车票、需求响应等，目的是提高运营效率和安全性。

4．车辆控制系统（AVCS）

利用传感器、计算机、通信、电子自动控制技术的防撞警示系统，进行车与车间、车与路间通信。它是智能车辆控制系统和智能道路系统的集成，使车辆自动与智能交通设施及周围车辆相互配合，以控制车辆的速度、方向和位置，可以使驾驶人更轻松、更安全地驾驶车辆。例如，实现自动停放车辆、自动车辆检测、自动横向／纵向控制，在未来的高速公路上，甚至可以实现车辆完全自动驾驶。此外，系统还应包括事故规避、监测调控，以便使车辆具有道路障碍自动识别、自动报警、自动转向、自动制动、自动保持安全车距和车速等功能；可向驾驶人提供车体周围的必要信息，可发出预警，并可自动采取措施来防止事故的发生。主要体现在以下 2 种方式：

（1）车辆辅助安全驾驶系统：包括车载传感器（微波雷达、激光雷达、摄像机、其他形式的传感器）、车载计算机和控制执行机构等，行驶中的车辆通过车载的传感器测定出与前车、周围车辆以及与道路设施的距离和其他情况，用车载计算机进行处理，对驾驶人提出警告，在紧急情况下，强制车辆制动。

（2）自动驾驶系统：装备了这种系统的汽车业称为智能汽车，它在行驶中可以做到自动导向、自动检测和回避障碍物，在智能公路上，能够在较高的速度下自动保持与前车的距离。必须指出的是，智能汽车在智能公路上才能发挥出全部功能，如果在普通公路上行驶，它仅仅是一辆装备了辅助安全驾驶系统的汽车。

5．电子收费系统（ETC）

道路收取通行费，是道路建设资金回收的重要渠道之一，但是随着交通量的增加，收费站开始成为道路上新的瓶颈。电子收费系统就是为了解决这个问题而开发的，使用者在市场购买车载的电子收费装置，经政府指定的部门加装安全模块后即可安装在自己的车上，然后向高速公路或者银行预交一笔停车费，领到一张内部装有芯片的通行卡，将其安装在自己汽车的指定位置，这样当汽车通过收费站的不停车收费车道时，该车道上安装的读取设备与车上的卡进行相互通信，自动在预交账户上将本次通行费扣除。

不停车收费系统是目前世界上最先进的路桥收费方式。利用自动车辆辨识（AVI）影像执法系统（VES）以及车上电子卡单元与路侧电子收费电源双向通信技术，实现地面交通不停车、无票据、自动化收取费用（包括道路通行费、运输费和停车费）、余额查询。经由电子卡记账的方式进行收费，其原理是通过安装在车辆风窗玻璃上的车载器与在收费站 ETC 车道上的微波天线之间的微波专用短程通信，利用计算机联网技术与银行进行后台结算，从而达到车辆通过路桥收费站不需要停车而能交纳路桥费的目的，现在的车道上安装电子不停车收费系统，可以使车道的通行能力提高 3~5 倍。

6．紧急救援系统（EMS）

紧急救援系统是一个特殊的系统，它的基础是 ATIS、ATMS 以及有关的救援机构和设施，通过 ATIS 和 ATMS 将交通监控中心与职业救援机构联成有机的整体，为道路使用者提供车辆故障现场紧急处置、拖车、现场救护、排除事故车辆等服务。例如，实现车辆故障与事故求援、应急车辆交通信号诱导（交通优先）、应急车辆定位与调度管理、地理信息系统（GIS）、公路路况广播（HAR）、应急物资配置和调度、应急车辆通信、事件自动侦测、最佳线路引导、突发事件应急指挥等。

2.2.3　物联网与城市交通系统结合

城市交通控制系统是面向全市的交通数据监测、交通信号灯控制与交通诱导的计算机控制系统，能实现区域或整个城市交通监控系统的统一控制、协调和管理，在结构上可分为一个指挥中心信息集成平台以及交通管理自动化、信号控制、视频监控、信息采集及传输和处理、GPS 车辆定位等多个子系统。

1. 物联网技术与城市交通系统相结合的整体架构

智能交通整体架构如图 2-5 所示，可以将智能交通系统从物联网传统的 3 个层次来进行划分，如图 2-6 所示。

1）物联网感知层

物联网感知层主要通过各种传感器以及 M2M 终端设备实现基础信息的采集，然后通过无线传感网络将这些 M2M 的终端设备连接起来，使得其从外部看起来就像一个整体，这些 M2M 设备就像神经末梢一样分布在交通的各个环节，不断地收集视频、图片、数据等各类信息。

2）物联网网络层

物联网网络层主要通过移动通信网络将感知层所采集的信息运输到数据中心，并在数据中心得到加工处理形成有价值的信息，以便做出更好的控制和服务。

3）物联网应用层

物联网应用层是基于各种信息展开工作的，通过信号控制、检测、诱导以及监控、协同等方式将信息以多样的方式展现到智能交通管理与控制平台，供决策、供服务、供业务开展。

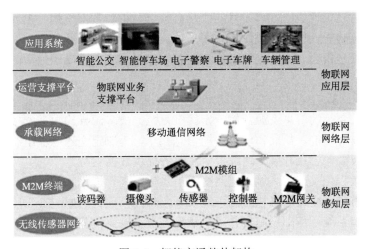

图 2-5　智能交通整体架构

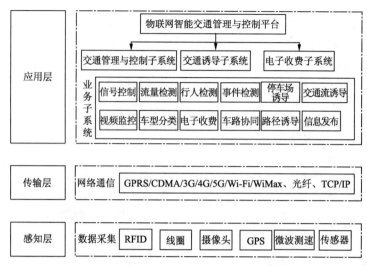

图 2-6　智能交通系统与物联网三层架构对应关系举例

2. 智能交通系统应用层架构

智能交通应用层系统主要针对交通管理部门实现对整个城市的道路交通有效管理和控制。平台可以由应用系统中心、信息服务中心和管理控制中心三大部分构成。

应用系统中心实现各职能部门的专有交通应用，包括交通控制平台所管理的各个功能模块，如停车场管理模块、公交系统管理模块、高速路管理模块、道路交通管理模块、信息采集管理模块、电子计费管理模块等，它是整个城市中心交通管理的功能实现部分，属于功能层。

信息服务中心包括远程服务模块、远程监测模块、数据管理模块、在线运维模块、数据交换模块和咨询管理模块等，它是以前期调测、远程运维管理和远程服务为目的，结合数据交换平台实现与应用子系统的数据共享，通过资讯管理模块实现信息的发布、用户和业务的管理等；它与物联网网络层紧密结合，属于接口层。

管理控制中心以 GIS（Geographic Information System，地理信息系统）平台为支撑，建立部件和事件平台。部件主要指代交通设施，事件主要指代交通信息，通过对各应用子系统的管理，以实现集中管理为目的，具有数据分析、数据挖掘、报表生成、信息发布和集中管理等功能。包括交通设施数据平台、交通信息数据平台、GIS 平台、应用管理模块、数据管理模块、运行维护模块和信息发布模块等，它属于最后的决策发布和管理层。

总之，物联网智能交通管理与控制平台是一种信息化、智能化的新型交通管理系统，可整合交通运输系统的信息资源，按一定标准规范完成多源异构数据的接入、存储、处理、交换、分发等功能，从而实现部门间信息共享，为制定交通运输组织与控制方案、科学决策，以及面向公众开展交通综合信息服务提供数据支持。

国内首个工程化实施的大城市道路交通信息集成和智能化应用系统，是上海市 2007 年完成的"城市道路交通信息智能化系统及平台软件"项目，如图 2-7 所示。其中建有通信系统、监控系统等基础设施，并对车辆实施自动安全检测、发布相关的信息以及实施实时自动操作的运行平台。

图 2-7　智能交通管理与控制平台

第 **3** 章

智能交通沙盘系统实例

　　物联网技术与传统交通管理技术的深度融合，是物联网技术在行业应用的最典型代表之一。本章主要围绕智能交通沙盘系统案例进行讲解。

3.1　智能交通沙盘简介

　　物联网智能交通沙盘系统以城市交通网为原型设计的沙盘场景模型，可体现真实场景，具有超凡的仿真度和展示度，如图 3-1 所示。

智能交通系统
（联创中控）

图 3-1　智能交通沙盘实例

　　物联网智能交通沙盘系统以智能小车为主体，代替真实的车辆进行智能交通各种功能特征的模拟仿真，系统汇聚了智能小车、导航及定位、RFID 识别、图像识别、图像定位、智能控制、无线传感网等技术。综合实现了智能公交、ETC、智能停车场、智能红绿灯、智能路灯、公路灾害预警及应急联动、全网车辆定位、车联网等智能交通的各种先进及典型的功能。

3.1.1　物联网智能交通沙盘系统介绍

　　物联网智能交通沙盘系统从智能小车控制开始，加入各种传感器进行网络数据传输，根据车辆位置进行复杂的智能交通控制，并以完整的智能交通系统功能为主线，将部分物联网技术应用在智能交通沙盘系统中，充分体现了物联网技术的三层架构在智能交通领域的应用。

沙盘简介

3.1.2　物联网智能交通沙盘系统的相关技术

　　沙盘主要采用 ZigBee 无线传感网，实现对道路、气象环境（包括温度、湿度、光照、雨雪等信息）的实时监控，系统通过 ZigBee 无线网络，对实体沙盘中的全部交通功能单元设备（包括智能小车、传感器、执行器、控制信号等设备）进行联网，并将数据信息发送至中央控制器的道路信息综合管理平台。道路信息管理平台对数据进行分析、决策和处理，如图 3-2 所示。

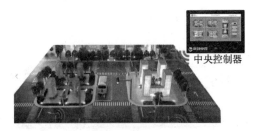

图 3-2　通过 ZigBee 无线网络实现各单元设备与中央控制器通信

3.2　物联网智能交通沙盘的硬件构造

智能交通沙盘的硬件构造主要分为功能性硬件和操作性硬件。

功能性硬件（见图 3-3）指的是具有特定功能且固定在沙盘上的一系列硬件设施，例如，沙盘 PVC 面板底下的 RFID 标签、导航磁条，公交站台的信息屏，停车场入口的 UHF 超高频读写器、RFID 读写天线、摄像机等。这部分硬件不允许拆卸，避免破坏沙盘整体外观。

图 3-3　智能交通沙盘系统中功能性硬件

操作性硬件包括各种控制器、智能节点（见图 3-4）以及网关等核心控制设备。在沙盘的侧面有 3 个控制节点抽屉，抽屉中有山体滑坡模拟节点、车流量检测节点、ETC 入口节点、ETC 出口节点、灾害预警节点等。功能性部件组装在沙盘上，通过线缆引到抽屉面板上，再通过带测试端子的线连接到相对应的控制节点。控制器、智能节点、网关之间通过 ZigBee 组网和通信。

图 3-4　智能交通沙盘的操作性硬件节点

3.2.1　各种控制节点

智能交通沙盘
抽屉内节点模
块介绍（1）

智能交通沙盘上拥有智能停车场、智能 ETC、智能交通灯、智能路灯、智能公交五大系统功能，如图 3-5 所示。

图 3-5　智能交通沙盘上五大系统

智能交通沙盘
抽屉内节点模
块介绍（2～3）

每个系统都有一个节点控制单元。每个节点单元控制都是采用统一的通用控制节点，这些控制节点集成在沙盘下方的抽屉里，如图 3-6 所示。

图 3-6　智能交通沙盘各个系统控制节点

该通用节点充分利用 STM32F103C8T6 的片内资源，引出 12 个 GPIO、1 个 TTL 串口、2 个 RS232 串口、红外接口、舵机 PWM 接口、温湿度单总线接口以及 3.3V 和 5V 供电接口，以方便同种类外设的连接。系统通用节点设计框架如图 3-7 所示。

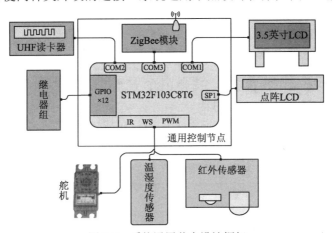

图 3-7　系统通用节点设计框架

对于不同的节点，只需要配置不同的外设即可。表 3-1 所示为不同模块节点的配置情况。

表 3-1　不同模块节点的配置情况

—	ZigBee 模块	3.5 英寸 LCD	点阵 LCD	UHF 读卡器	舵机	温湿度传感器	红外传感器	继电器
交通灯模块	√							√
路灯模块	√							√
车流量模块	√						4-8	
ETC 模块	√	√		√	√		√	
停车场模块	√	√		√	√		√	
公交站模块	√	√						
情报板模块	√		√					
环境监测模块	√					√		

3.2.2　智能小车技术

沙盘系统上的智能小车都是全程无人驾驶、全自主运行。每台智能小车都有 1 个 STM32 嵌入式处理器；配套 1 个 ZigBee 无线模块、1 组磁导航传感器、1 块 RFID 读写器、1 个红外传感器，如图 3-8 所示。

智能小车能够接收中央控制器控制指令，自动运行到指定地点；能够自行规划路径，自主运行；能够准确定位并将位置信息无线传输给中央控制器。

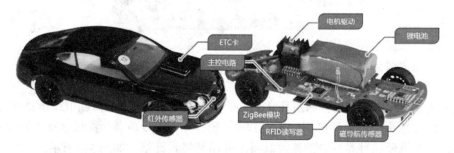

图 3-8　智能车组件示意图

3.2.3　基于磁感应及 RFID 的定位技术

沙盘的路面 PVC 板下密布磁条、高频 RFID 标签，如图 3-9 所示。连续的磁条是智能小车的导引线，智能小车主要通过磁导航传感器检测磁条，根据磁条的磁场特性和传感器采集到的磁场强度信息来确定磁条相对磁导航传感器的位置。从而确定智能小车在道路中的偏移位置；通过智能小车上的 RFID 读写器读取道路中铺设的 RFID 标签信息，并上报给中央控制器，通过计算得出车辆的实时位置和方向。

图 3-9　智能交通沙盘下的磁条及 RFID 卡片布置示意图

3.2.4　Android 嵌入式技术

系统通过 Android 嵌入式系统作为核心中央控制器（也称物联网网关）。中央控制器可以对整个沙盘系统上的所有车辆、交通网系统进行控制和调度，演示各种智能交通网络的功能。该中央控制器首先通过串口与 ZigBee 协调器相连接，然后通过配置 ZigBee 网络，与各种控制节点进行实时交互，并将相应信息显示到界面上，如图 3-10 所示。

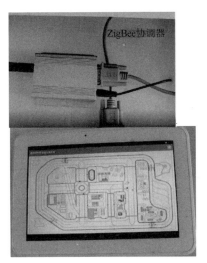

图 3-10　物联网网关与 ZigBee 连接

3.2.5　无线传感网技术

智能交通系统上有车辆、路灯、信息屏、导引屏、RFID 读写器、控制器、红绿灯等设备，这些设备通过 ZigBee 组成一个无线自组织网络，通过网络进行相互通信。

ZigBee 无线自组织网络是一种高可靠的无线数据传输网络，类似于 CDMA 和 GSM 网络。ZigBee 数据传输模块类似于移动网络基站。通信距离从标准的 75 m 到几百米、几千米，并且支持无限扩展。

ZigBee 网络是一个由可多达 65 535 个无线数据传输模块组成的一个无线数据传输网络平台，在整个网络范围内，每一个 ZigBee 网络数据传输模块之间可以相互通信，每个 ZigBee 网络节点间不仅本身可以作为监控对象,还可以自动中转别的网络节点传过来的数据。除此之外,每一个 ZigBee 网络节点还可在自己信号覆盖的范围内,和多个不承担网络信息中转任务的孤立的子节点无线连接。

　　ZigBee 无线自组织网络是基于 IEEE802.15.4 标准的低功耗局域网协议,是一个开放的无线网络技术。与传统星状、点对点、网状网络的架构不同,ZigBee 采用动态、自主的路由协议,基于 AODV(Ad hoc On-Demand Distance Vector Routing,无线自组网按需平面距离向量路由协议)。该协议是 Ad Hoc 网络中按需生成路由方式的典型协议。在 AODV 中,一个节点需要连接时,将广播一条路由请求报文,其他节点在路由表中查找。如果有到达目标节点的路由,则向源节点反馈,源节点挑选一条可靠、跳数最小的路线,并存储信息到本地路由表以便用于未来所需;如果一条路由线路失败,节点能够简单地选择另一条替代路由线路。如果源和目的地之间的最短线路由于墙壁或多径干扰而被阻塞,ZigBee 能够自适应地找到一条更长但可用的路由线路。这种独特的架构使 ZigBee 拥有近距离、低复杂度、自组织、低功耗、高数据传输速率的特点。

　　系统中智能网关连接的 ZigBee 节点需要设置成中心节点,其地址固定为 0000,发送模式为广播;其他设备统一将低位设置成自身模块地址,例如智能 ETC 节点上的 ZigBee 透传模块节点地址就设置为 0x0050;发送模式统一为主从。系统中 ZigBee 模块的具体的接线引脚图如图 3-11 所示。

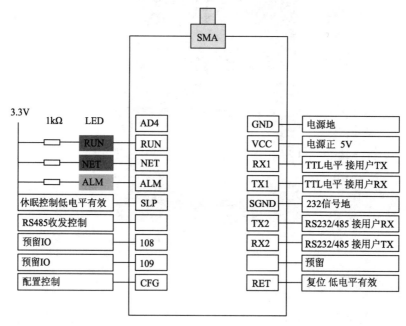

图 3-11　ZigBee 模块的接线引脚图

图 3-12 所示为 ZigBee 无线传感器网络在智能停车场管理系统中的配置信息。

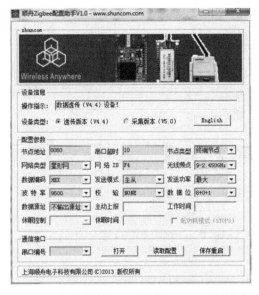

图 3-12　智能停车场入口模块 ZigBee 配置信息

3.3　物联网智能交通沙盘系统功能介绍

智能交通沙盘系统主要由智能小车系统、智能停车场系统、智能 ETC 系统、智能交通灯系统、智能路灯系统、智能公交系统、环境监测系统、智能网关 8 个系统构成。其中，智能停车场和智能 ETC 出入口配有电动闸门、RFID 读写设备、信息显示屏及红外传感器；智能公交有两个公交站信息屏及停靠点；智能红绿灯有两组，在每组红绿灯十字路口布置了车流量检测的红外传感器；智能路灯 12 组分布在不同区域；环境监测系统有光照、烟雾、温湿度传感器及山体滑坡、桥梁断裂的控制节点以及信息情报发布板和各大系统的控制节点；还有作为中央控制器的嵌入式网关等。上述节点通过 ZigBee 技术组合成一个无线传感器网络。通过 ZigBee 网络通信连接沙盘系统和物联网网关实现智能小车定位和智能小车远程控制。

沙盘上还集成图像识别定位的高速工业摄像机、违章抓拍、车牌识别所用的监控摄像机等。摄像机被悬挂在沙盘正上方，并通过 USB 或者 1394 数据线连入图像服务器，如图 3-13 所示。

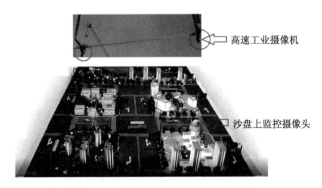

图 3-13　沙盘上摄像机以及摄像头

3.3.1　智能停车场系统

当前智能停车场具有两个特征：

（1）无人值守：通过 RFID 技术、车牌识别技术、智能管控技术实现停车场的自动计时扣费、无人化管理。

（2）信息联网：停车场的运行信息将实时发布到网络上，通过 APP 即可查看全市停车场的车位信息及公告。

智能交通沙盘系统提供了一套完整的智能停车场系统，包含以下功能：

（1）停车场每个车位底下都有传感器，通过传感器信息可判断车位上是否有车辆停靠。

（2）停车场全面实现智能小车自动驶入、停车和驶离全过程。可自动进行停车计时、费用统计、自动扣费。

（3）车位空余信息可通过中央控制器实时统计并显示，同时显示在停车场的信息屏上。

3.3.2　智能 ETC 系统

ETC（Electronic Toll Collection，电子不停车收费系统）是高速公路上最重要、最先进的基础设施，是有源 RFID 技术的最典型应用之一。智能交通沙盘系统提供 1 整套 ETC 系统，对现实交通的 ETC 系统进行模拟。

在智能交通沙盘系统上，车辆进入 ETC 收费站入口的读卡器感应范围，读卡器会读出车辆信息，所有信息存入数据库，然后舵机打开，车辆放行。车辆再次进入收费站时，ETC 卡信息被读取，系统从数据库调出车辆进入高速公路的位置，自动计费、扣费，扣费成功后自动放行。

3.3.3　智能红绿灯管理

红绿灯是交通网上的最重要指挥管理系统，系统除了固定时间模式之外，还提供动态调整模式。在动态调整模式下，路口的车辆检测传感器可进行车流量统计。中央控制器通过 ZigBee 无线通信调节红绿灯控制器的控制参数，实现根据车流量大小来动态调整红绿灯变化时间的目的，例如，将车流量大的方向的绿灯时间适当延长。

3.3.4　智能路灯管理

智能交通网络除了智能之外还需要节能，交通网络上主要的能耗源是路灯。系统提供两种路灯控制模式：

（1）整体控制模式：物联网智能交通系统有一组光照传感器，采集环境光照度，光照值通过 ZigBee 网络传输给中央控制器，中央控制器根据光照值进行整个沙盘系统所有路灯的整体控制，例如光照度低于某一个值时，路灯整体打开。整体控制模式是对现实交通网上的路灯的模拟仿真。

（2）节能控制模式：在智能交通沙盘系统中，中央控制系统可获得每台车辆的实时位置，因此就能够对路灯进行更加智能化的控制。系统可以根据车辆的运行方向和所在位置进行智能路灯控制，车辆运行前方的路灯自动打开，车辆过后，路灯自动熄灭。这种模式适合在深夜到凌晨，路上没有多少车辆的情况下使用。这种智能化的节能控制模式也是未来交通网的必然趋势。

3.3.5　智能公交系统

公交是城市交通里面最重要的一个环节，如何保障公交系统的快捷、便利、舒适是智能交通系统的最重要命题。

沙盘系统提供两种智能公交技术的验证模型：

（1）公交优先：进入本模式，智能交通系统将优先保障公交车的顺畅运行。当公交车即将到达路口时，系统会控制红绿灯提前变绿，让公交车优先通过。

（2）公交运行信息实时显示：系统中的公交车通过 RFID 标签进行定位，然后通过无线传感网将自身位置实时传递给中央控制器，站台上的公交信息显示屏通过无线网络和中央控制器通信，获取并显示每路公交车的实时运行状态以及与本站台之间的距离等信息。

第 4 章
沙盘智能小车控制系统

智能车是智能交通系统的重要组成部分，也是现代汽车工业和计算机互相结合的最新科技成果，通常具有自动驾驶、自动变速，甚至道路自动识别功能。智能车就是移动的机器人，移动机器人的研究开始于 20 世纪 60 年代末期，斯坦福研究院的 Nils Nilssen 和 charles Rosen 等人在 1966 年至 1972 年研制出了名为 shakey 的自主移动机器人，其目的是研究应用人工智能技术，在一些复杂环境下系统的自主推理、规划和控制。

随着社会经济的飞速发展，信息、工业、网络各类企业都不断地提高自身企业的硬实力，汽车工业也越来越受人关注，现在世界上有很多国家都在进行无人驾驶智能车的开发和研究。智能车辆系统涵盖了电子、计算机、传感技术、机械、通信、导航等多个学科多项技术，这也说明了智能车辆系统在以后会越来越受到重视。图 4-1 所示为无人驾驶智能车示意图。

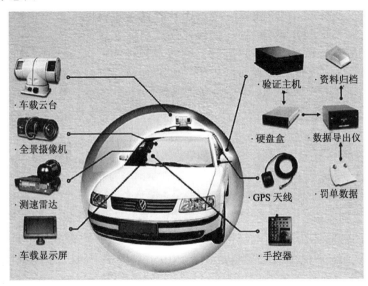

图 4-1　无人驾驶智能车示意图

4.1　智能车辆概念

智能车辆是一个集环境感知、规划决策、多等级辅助驾驶等功能于一体的综合系统，它集中运用了计算机、现代传感、信息融合、通信、人工智能及自动控制等技术，是典型的高新技术综合体。目前对智能车辆的研究主要致力于提高汽车的安全性、舒适性，以及提供优良的人车交互界面。近年来，智能车辆已经成为世界车辆工程领域研究的热点和汽车工业增长的新动力，很多发达国家都将其纳入各自重点发展的智能交通系统当中。

所谓"智能车辆"，就是在普通车辆的基础上增加了先进的传感器（雷达、摄像）、控制器、执行器等设备，通过车载传感系统和信息终端实现与人、车、路等的智能信息交换，使车辆具备智能的环境感知能力，能够自动分析车辆行驶的安全及危险状态，并使车辆按照人的意愿到达目的地，最终实现替代人来操作的目的。

无人驾驶汽车指的是利用多种传感器和智能公路技术实现的汽车自动驾驶。智能汽车首先有一套导航信息数据库，存有全国高速公路、普通公路、城市道路以及各种服务设施（餐饮、旅馆、加油站、景点、停车场）的信息资料；其次是 GPS 定位系统，利用这个系统精确定位车辆所在的位置，与道路数据库中的数据相比较，确定以后的行驶方向；道路状况信息系统，由交通管理中心提供实时的前方道路状况信息，如堵车、事故等，必要时及时改变行驶路线；车辆防碰系统，包括探测雷达、信息处理系统、驾驶控制系统，控制与其他车辆的距离，在探测到障碍物时及时减速或制动，并把信息传给指挥中心和其他车辆；紧急报警系统，如果出了事故，自动报告指挥中心进行救援；无线通信系统，用于汽车与指挥中心的联络；自动驾驶系统，用于控制汽车的点火、改变速度和转向等。

通常对车辆的操作实质上可视为对一个多输入、多输出、输入/输出关系复杂多变、不确定多干扰源的复杂非线性系统的控制过程。驾驶人既要接收道路、拥挤、方向、行人等的信息，还要感受汽车车速、侧向偏移、横摆角速度等信息，然后经过判断、分析和决策，并与自己的驾驶经验相比较，确定出应该做的操纵动作，最后由身体、手、脚等来完成操纵车辆的动作。因此，在整个驾驶过程中，驾驶人的人为因素占了很大的比重。一旦出现驾驶人长时间驾车、疲劳驾车、判断失误的情况，很容易造成交通事故。

通过对车辆智能化技术的研究和开发，可以提高车辆的自动控制与驾驶水平，保障车辆行驶的安全畅通、高效。对智能化车辆控制系统的不断研究与完善，相当于延伸扩展了驾驶人的控制、视觉和感官功能，能极大地促进道路交通的安全性。智能车辆的主要特点是以技术弥补人为因素的缺陷，使得即便在很复杂的道路情况下，也能自动地操纵和驾驶车辆绕开障碍物，沿着预定的道路轨迹行驶。

智能车是机器人学中的一类，它整合了自动控制、人工智能、机械工程、信息融合、传感器技术、图像处理技术，以及计算机等多门学科的最新研究成果，是当前科技发展最活跃的领域之一。智能车的研究可以追溯到 1954 年美国 Barret Electronics 公司研制的世界上第一台自动引导车辆系统（Automated Guided Vehicle System，AGVS），并在 SouthCarolina 州的 Mercury Motor Freight 公司的仓库内投入运营，用于实现物品的自动运输。

4.2　沙盘中智能小车的仿真实现

4.2.1　STM32 嵌入式开发简介

智能车运行系统

　　　　沙盘中智能小车是一种嵌入式设备，而嵌入式系统是以计算机技术为基础，由嵌入式处理器、外围硬件设备及嵌入式软件组成。它是以应用为中心，以计算机技术为基础，软硬件可裁剪，对功能、体积、功耗等有较高要求的专用计算机系统。随着微电子技术与计算机技术的发展，微控制芯片的功能越来越强大，使嵌入式开发技术也得到了充分的应用和发展。

目前在诸多微控制芯片之中使用最广泛的是意法半导体公司生产的 STM32 系列微

控制芯片，该系列微控制器基于 ARM Cortex®-M0、M0+、M3、M4 和 M7 内核专为高性能、低功耗的嵌入式应用而设计。STM32 系列微控制芯片具有极高的性能，成本低，功耗低，型号种类多，覆盖面广，并且在其芯片内部拥有丰富的外设资源，包括数量可观的 I/O 端口、串行外设接口、通用同步异步收发器、模数转换器和定时器。其丰富的片上资源可以满足大多数的应用需求。

STM32 系列按性能分成两种类型："增强型"的 STM32F103 和"基本型"的 STM32F101。STM32F103 增强型系列是同类产品中性能最高的产品，达到 72 MHz 的时钟频率。该系列芯片基于 ARM Cortex-M3 内核，Cortex-M3 是首款基于 ARMv7-M 体系结构的 32 位标准处理器，采用 RISC（精简指令集）结构，包含高效灵活的 Thumb-2 指令集，具有高性能、低成本、低功耗的特点。

STM32F103 系列有 80 个可以自由操控的芯片引脚，为通用驱动器的设计提供了良好的条件。驱动器采用模块化设计，有利于驱动器功能扩展和升级。

另外，针对嵌入式应用的特点，STM32F103 系列处理器提供功能强大的硬件调试接口——JTAG 接口和串行接口，并有许多官方函数库可以直接调用，极大地方便了设计，缩短了产品的开发周期。不仅如此，STM32F103 系列处理器内嵌的闪存存储器允许在电路中编程（In-Circuit Pro-gramming，ICP）和在应用中编程（In-Application Program-ming，IAP）。利用在应用中编程，仅需通过一根串口线，就可以完成产品固件的更新。因此，沙盘中智能小车采用 STM32F103 系列作为控制芯片。

STM32F103xx 工作方式如下：

（1）集成嵌入式 Flash 和 SRAM 存储器的 ARM Cortex-M3 内核：和 8/16 位设备相比，ARM Cortex-M3 32 位 RISC 处理器提供了更高的代码处理效率。STM32F103xx 自带一个嵌入式的 ARM 内核，可以兼容所有的 ARM 工具和软件。

（2）嵌入式 Flash 存储器和 RAM 存储器：STM32 系列内置多达 512 KB 的嵌入式 Flash，可用于存储程序和数据。多达 64 KB 的嵌入式 SRAM 可以以 CPU 的时钟速度进行读写（不待等待状态）。

（3）可变静态存储器（FSMC）：FSMC 嵌入在 STM32F103xC、STM32F103xD、STM32F103xE 中，带有 4 个片选，支持以下模式：Flash、RAM、PSRAM、NOR 和 NAND。3 个 FSMC 中断线经过 OR 后连接到 NVIC。没有读/写 FIFO，除 PCCARD 之外，代码都是从外部存储器执行，不支持 Boot，目标频率等于 SYSCLK/2，所以当系统时钟是 72 MHz 时，外部访问按照 36 MHz 进行。

（4）嵌套矢量中断控制器（NVIC）：有 43 个可屏蔽中断通道（不包括 Cortex-M3 的 16 根中断线），提供 16 个中断优先级，有低延迟的异常和中断处理、电源管理控制以及系统中断寄存器。紧密耦合的 NVIC 实现了更低的中断处理延迟，直接向内核传递中断入口向量表地址，NVIC 内核接口允许中断提前处理，对后到的更高优先级的中断进行处理，支持尾链，自动保存处理器状态，中断入口在中断退出时自动恢复，不需要指令干预。

（5）外部中断/事件控制器（EXTI）：由用于 19 条产生中断/事件请求的边沿探测器线组成。每条线可以被单独配置用于选择触发事件（上升沿、下降沿，或者两者都可以），也可以被单独屏蔽。有一个挂起寄存器来维护中断请求的状态。当外部线上出现长度超过内部 APB2 时钟周期的脉冲时，EXTI 能够探测到。

（6）具有丰富的 I/O 端口：有多达 51 个快速 I/O 端口，所有 I/O 端口均可以映像到 16 个外部中断，几乎所有端口都允许 5 V 信号输入。每个端口都可以由软件配置成输出（推免或开漏）、输入（带或不带上拉或下拉）或其他的外设功能端口。可以通过两条 APB 总线连接外设。其所有型号的器件都包含 2 个 12 位的 ADC、3 个通用 16 位定时器和一个 PWM 定时器，还包含标准和先进的通信接口：多达 2 个 I^{2}C 和 SPI、3 个 USART、一个 USB 和一个 CAN。

（7）时钟和启动：在启动时还是要进行系统时钟选择，但复位时内部 8 MHz 的晶振被选用作 CPU 时钟。可以选择一个外部的 4～16 MHz 的时钟，并且会被监视来判定是否成功。在这期间，控制器被禁止并且软件中断管理也随后被禁止。同时，如果有需要（例如碰到一个间接使用的晶振失败），PLL 时钟的中断管理完全可用。多个预比较器可以用于配置 AHB 频率，包括高速 APB（PB2）和低速 APB（APB1），高速 APB 最高的频率为 72 MHz，低速 APB 最高的频率为 36 MHz。

（8）Boot 模式：在启动时，Boot 引脚被用来在 3 种 Boot 选项中选择一种，分别是从用户 Flash 导入、从系统存储器导入、从 SRAM 导入。Boot 导入程序位于系统存储器，用于通过 USART1 重新对 Flash 存储器编程。

（9）电源供电方案：VSSA 和 VDDA，电压范围为 2.0～3.6 V，外部模拟电压输入，用于 ADC、复位模块、RC 和 PLL。VBAT，电压范围为 1.8～3.6 V，当 VDD 无效时为 RTC，外部 32 kHz 晶振和备份寄存器通过电源切换实现供电。在 VDD 范围之内（ADC 被限制在 2.4 V），VSSA 和 VDDA 必须相应连接到 VSS 和 VDD。

（10）电源管理：设备有一个完整的上电复位（POR）和掉电复位（PDR）电路。这条电路一直有效，用于确保从 2 V 启动或者掉到 2 V 的时候进行一些必要的操作。当 VDD 低于一个特定的下限 VPOR/PDR 时，不需要外部复位电路，设备也可以保持在复位模式。设备有一个嵌入的可编程电压探测器（PVD），用于检测 VDD，并且和 VPVD 限值比较，当 VDD 低于 VPVD 或者 VDD 大于 VPVD 时会产生一个中断。

（11）电压调节：调压器有 3 种运行模式，分别是运行模式（MR）、低功耗模式（LPR）和掉电模式。MR 用在传统意义上的调节模式，LPR 用在停止模式，掉电用在待机模式。调压器输出为高阻，核心电路掉电，包括零消耗（寄存器和 SRAM 的内容不会丢失）。

（12）低功耗模式：STM32F103xx 支持 3 种低功耗模式，从而在低功耗、短启动时间和可用唤醒源之间达到一个最好的平衡点。休眠模式：只有 CPU 停止工作，所有外设继续运行，在中断/事件发生时唤醒 CPU；停止模式：允许以最小的功耗来保持 SRAM 和寄存器的内容。1.8 V 区域的时钟都停止，PLL、HSI 和 HSE RC 振荡器被禁能，调压器也被置为正常或者低功耗模式。待机模式：追求最少的功耗，内部调压器被关闭，这样 1.8 V 区域断电。在进入待机模式之后，除了备份寄存器和待机电路，SRAM 和寄存器的内容也会丢失。当外部复位（NRST 引脚）、IWDG 复位、WKUP 引脚出现上升沿或者 TRC 警告发生时，设备退出待机模式。进入停止模式或者待机模式时，TRC、IWDG 和相关的时钟源不会停止。

STM32F103 的总体结构框图如图 4-2 所示。

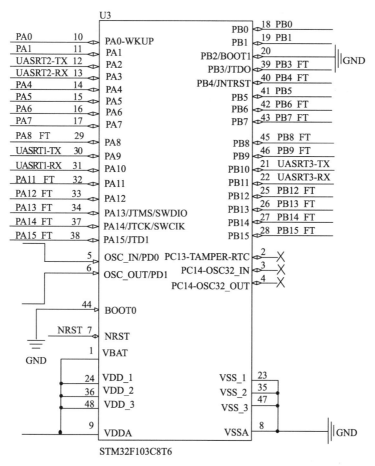

图 4-2　STM32F103 的总体结构框图

4.2.2　智能小车架构设计

　　沙盘中的智能小车需要具有基本的红外线识别功能、RFID 识别功能、ZigBee 无线传输功能。红外线识别功能是为了让智能小车识别前方障碍物以便智能小车可以及时制动。RFID 识别功能是为了让智能小车识别路上的 RFID 卡片以便进行路径规划，本功能具有简单的寻卡、读卡等操作。ZigBee 无线传输功能是为了实现对智能小车与物联网网关之间进行通信以便实现网关对智能小车的控制。

PC 控制智能
小车的全过程

　　沙盘系统中的智能小车 UI-SmartCar 高度集成了各种传感器，包括磁导航传感器、RFID 读卡器、红外传感器、ZigBee 通信模块等，除此之外，应具有电池、STM32 主控芯片、电动机、蜂鸣器、电路板。智能小车架构设计框图如图 4-3 所示。

　　从设计智能小车的架构可以看出，硬件主要部件是由锂电池、电动机、STM32 主控芯片、电动机驱动芯片、磁导航控制芯片、红外控制芯片、ZigBee 通信控制芯片与 RFID 读写芯片组成。智能小车实物图如图 4-4 所示。

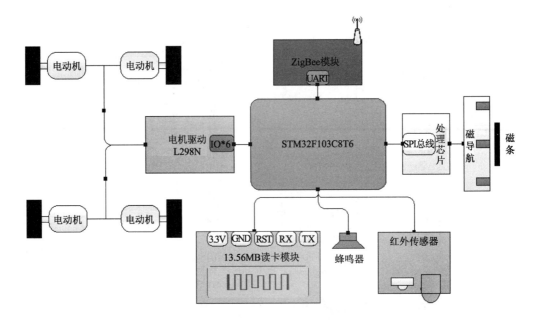

图 4-3　智能小车架构设计框图

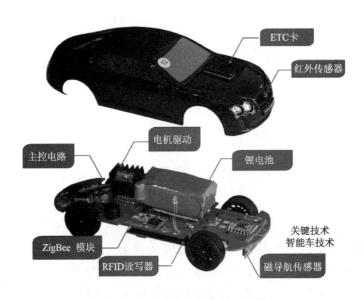

图 4-4　智能小车主要部件示意图

　　沙盘中智能小车驱动器控制板是由 STM32F103 的最小系统、电源电路、实时时钟系统、时钟电路、ST-LINK 接口电路、复位电路、用户 LED 和按键电路、串口电路等组成。整个电路由 12 V 电压输入构成一个 5 V 和 3.3 V 的工作电压。电源部分连接图如图 4-5 所示。

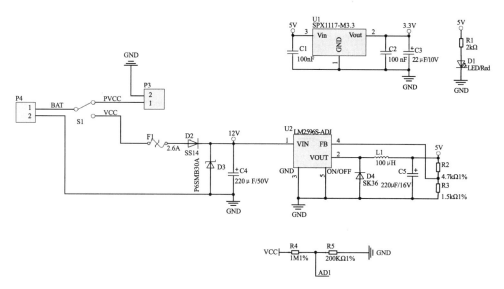

图 4-5 电源部分连接图

1. 电动机驱动电路

L298N 是由 SGS 公司制造的直流电动机驱动电路，它包括一个 4 通道逻辑驱动电路，可以很容易地驱动两个直流电动机，或者一个两阶段步进电动机。工作电压 5 V，输出电流 2.5 A，最大可以达到 4 A，可以驱动电感负载，可以直接使用单片机 I/O 端口提供信号，电路简单，容易使用。L298N 可以接收标准 TTL 逻辑电平信号 VSS，可以驱动两个马达。

智能小车电动机使用 L298N 芯片驱动，用 STM32 核心芯片控制，电路连接如图 4-6 所示。L298N 的 IN1、IN2、IN3、IN4 指输入的是控制智能小车轮子的 STM32 芯片 PB12、PB13、PB14 和 PB15 四个引脚的高低电平，OUT1、OUT2 控制的是小车的左前轮和左后轮的转向，OUT3、OUT4 控制的是小车右前轮和右后轮的转向。

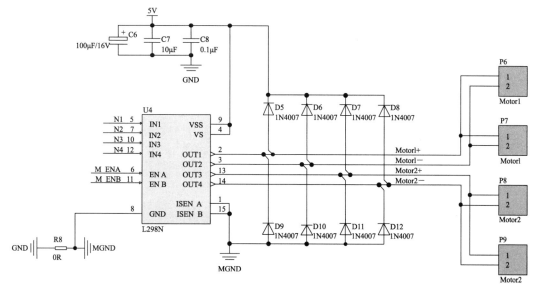

图 4-6 电动机电路连接图

2. 红外控制

智能小车红外控制主要是完成检测障碍物的功能，其红外传感器连接图如图 4-7 所示。STM32 的 PB9 引脚是连接红外模块的，当检测到障碍物时 PB9 触发中断。红外线反射传感器是利用红外线反射的原理，根据反射的强度来判定前方有无障碍，可通过红外反射传感器的电位器来调整检测距离。当前方检测到障碍物时，OUT1 引脚由高电平变为低电平，根据电平的变化设计程序，使小车遇到障碍物停止运动。

3. ZigBee 芯片

在系统中，ZigBee 芯片主要是为了实现智能小车和各个控制节点以及网关通信，ZigBee 模块和 STM32 处理器通过 PA9 和 PA10 引脚连接如图 4-8 所示，在程序中需要实现 ZigBee 串行处理功能和数据传输功能。ZigBee 协调器设备包括射频芯片、微处理器、发送和接收、存储协议栈和相关应用程序处理。

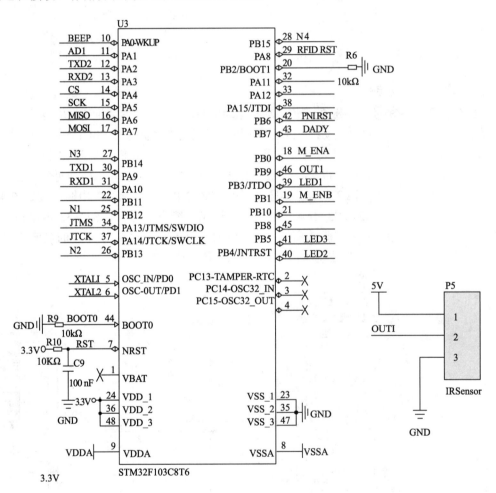

图 4-7 红外传感器连接图

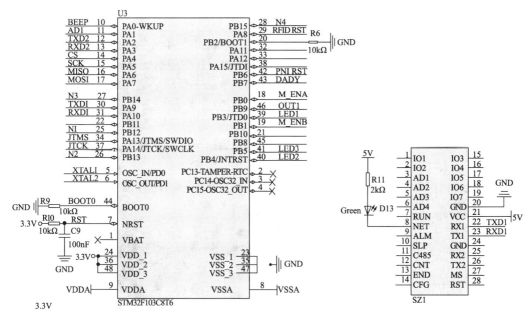

图 4-8　ZigBee 模块硬件电路连接图

4．RFID 读写器

RFID 读卡器硬件电路主要包括微控制器电路、射频电路和天线电路三部分，其中 STM32 微处理器与 MFRC522 之间的通信接口为 SPI 方式，PCB 天线和电子标签内的线圈以非接触的方式耦合，实现能量和数据传输。射频模块 MF RC522 是整个读卡器的核心，它是射频卡与单片机通信的桥梁。MF RC522 是应用与 13.56 MHz 非接触式通信中高集成度读写卡系列芯片，是 NXP 公司推出的一款低电压、低成本、体积小的非接触式读写卡芯片，是智能仪表和便携式手持设备的较好选择。图 4-9 所示为 RFID 读写器连接原理图。

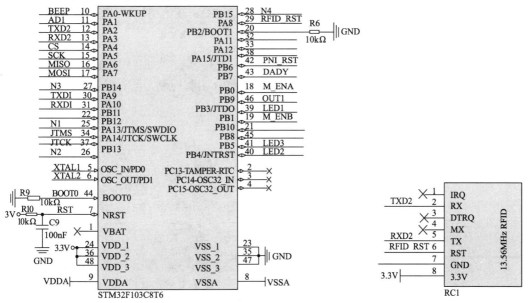

图 4-9　RFID 读写器连接原理图

5. 磁导航芯片

沙盘上的智能小车带有磁导航传感器，是小车循迹引导单元的关键部件，一般安装在车体前方的底部。这种导航方式有多种：激光导航、视觉导航、磁导航、光学导航等。智能小车下面安装的磁导航传感器与地面上铺设的永磁条形成了磁导航。

智能小车利用 PNI12927 芯片作为磁导航传感器芯片，它能检测出微弱的磁场强度，并根据磁阻效应可以把磁场的变化转变成对应变化的电流。磁引导传感器检测点相应的位置反映出磁性物体相对于磁引导传感器的位置，小车自动做出调整，确保沿磁条运行。PNI12927芯片集成了放大和数模转换电路，且能够对 3 个磁场强度进行测量，还有一个 SPI 接口电路可以与微处理器进行通信。 磁导航电路连接图及小车沿磁条运行图如图 4-10 所示。

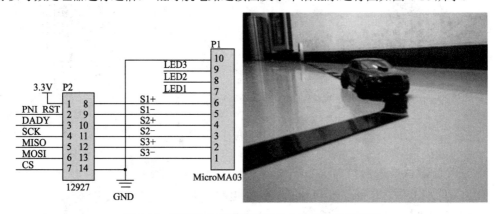

图 4-10　磁导航电路连接图以及小车沿磁条运行图

4.2.3　沙盘中智能小车的六大功能模块

智能小车控制系统主要完成智能小车在沙盘中电动机驱动运行模块、路径规划模块、红外碰撞检测模块、磁导航自动循迹模块、ZigBee 通信功能模块和 RFID 读卡功能模块六大功能模块。

1. 电动机驱动运行模块

电动机初始化函数为 Motor_Init( )，电动机由 PB 引脚控制，电动机初始化实际上就是对 GPIO 的初始化。

```
void Motor_Init(void)
{
    GPIO_InitTypeDef GPIO_InitStructure;//初始化 GPIO
    RCC_APB2PeriphClockCmd(RCC_APB2Periph_GPIOB,ENABLE);//使能APB2外设时
                                       //钟上 GPIOB 的 RCC 时钟
    GPIO_InitStructure.GPIO_Pin=GPIO_Pin_12|GPIO_Pin_13|GPIO_Pin_14|
GPIO_Pin_15;
    //初始化 GPIOB 的引脚
    GPIO_InitStructure.GPIO_Speed=GPIO_Speed_50MHz;//最高输出速率 50 MHz
    GPIO_InitStructure.GPIO_Mode=GPIO_Mode_Out_PP;  //设置 GPIOB 为推挽输出，
                                       //IO 输出 0 接 GND,IO 输出 1 接 vcc
    GPIO_Init(GPIOB,&GPIO_InitStructure);
}
```

　　小车的电动机分为两组：小车前左轮与后左轮由 PB12 和 PB13 引脚控制；前右轮和后右轮由 PB14 和 PB15 控制。当 PB12 和 PB14 为低电平、PB13 和 PB15 为高电平时，4 个电动机正转小车前进。当 PB12 和 PB14 为高电平、PB13 和 PB15 为低电平时，4 个电动机反转，小车后退。PB12 为低电平，PB13、PB14 和 PB15 为高电平，左边两个电动机正转，右边电动机停止，实现小车右转。PB14 为低电平，PB12、PB13 和 PB15 为高电平，左边两个电动机停止，右边电动机正转，实现小车左转。也可以通过左右轮的速度差实现。PB12、PB13、PB14 和 PB15 都设置为高电平，电动机停止，小车所有轮子停止转动。SetBits 置 1 为高电平，ResetBits 置 0 为低电平。

前进：

```
void Advance(void)
{
    GPIO_ResetBits(GPIOB,GPIO_Pin_12);     //置 0
    GPIO_SetBits(GPIOB,GPIO_Pin_13);       //置 1
    GPIO_ResetBits(GPIOB,GPIO_Pin_14);     //置 0
    GPIO_SetBits(GPIOB,GPIO_Pin_15);       //置 1
```

后退：

```
void Back(void)
{
    GPIO_SetBits(GPIOB,GPIO_Pin_12);       //置 1
    GPIO_ResetBits(GPIOB,GPIO_Pin_13);     //置 0
    GPIO_SetBits(GPIOB,GPIO_Pin_14);       //置 1
    GPIO_ResetBits(GPIOB,GPIO_Pin_15);     //置 0
}
```

左转：

```
void Left(void)
{
    GPIO_SetBits(GPIOB,GPIO_Pin_12);       //置 1
    GPIO_SetBits(GPIOB,GPIO_Pin_13);       //置 1
    GPIO_ResetBits(GPIOB,GPIO_Pin_14);     //置 0
    GPIO_SetBits(GPIOB,GPIO_Pin_15);       //置 1
}
```

右转：

```
void Right(void)
{
    GPIO_ResetBits(GPIOB,GPIO_Pin_12);     //置 0
    GPIO_SetBits(GPIOB,GPIO_Pin_13);       //置 1
    GPIO_SetBits(GPIOB,GPIO_Pin_14);       //置 1
    GPIO_SetBits(GPIOB,GPIO_Pin_15);       //置 1
}
```

停止：

```
void Stop(void)
{
    GPIO_SetBits(GPIOB,GPIO_Pin_12);       //置 1
    GPIO_SetBits(GPIOB,GPIO_Pin_13);       //置 1
    GPIO_SetBits(GPIOB,GPIO_Pin_14);       //置 1
    GPIO_SetBits(GPIOB,GPIO_Pin_15);       //置 1
}
```

智能小车调速采用脉冲宽度调制（PWM）技术，它是一种模拟控制方式，在 PWM 调速系统中，一般可以采用定宽调频、调宽调频、定频调宽 3 种方法改变控制脉冲的占空比。占空比是指高电平在一个周期中所占的比例，例如，占空比为 50%即高电平占整个周期时间的一半。前两种方法在调速时改变了控制脉宽的周期 TIM_TimeBaseStructure. TIM_Period，从而引起控制脉冲频率的改变，当该频率与系统的固有频率接近时将会引起振荡。系统采用定时器中断来产生固定的占空比的脉冲信号，定时器的作用是准确地计算脉冲时间，使用定时器中断来产生 PWM 波形。

用 PWM 调速，电池电源并非连续地向直流电动机供电，而是在一个特定的频率下为直流电动机提供电能。采用定频调宽改变占空比的方法更改 TIM_OCInitStructure. TIM_Pulse 的值来调节直流电动机电枢两端电压。定频调速是在脉冲波形的频率不变的前提下（脉冲波形的周期不变），通过改变一个周期波形中高电平的时间从而改变波形的占空比，改变平均电压，调整电动机的速度。TIM_OCInitStructure.TIM_Pulse 的值增大，速度减少，占空比减少，周期增大，频率减小，速度增加，反之亦然。

```
void TIM3_PWM_Init(void)
//通过更改 TIM_TimeBaseStructure.TIM_Period 的值改发 PWM 周期,
//通过更改 TIM_OCInitStructure.TIM_Pulse 的值改发 PWM 占空比, 实现调速
void TIM3_PWM_Init(void)
{
    TIM_TimeBaseInitTypeDef TIM_TimeBaseStructure;
    GPIO_InitTypeDef GPIO_InitStructure;
    TIM_OCInitTypeDef TIM_OCInitStructure;
    RCC_APB1PeriphClockCmd(RCC_APB1Periph_TIM3, ENABLE); //使能定时器时钟
    RCC_APB2PeriphClockCmd(RCC_APB2Periph_GPIOB, ENABLE); //使能 GPIOB 时钟
    TIM_TimeBaseStructure.TIM_Period=900;   //设置在下一个更新事件装入活动的
                                            //自动重装载寄存器周期的值
    TIM_TimeBaseStructure.TIM_Prescaler=0; //设置用来作为 TIMx 时钟频率除数的
                                            //预分频值 不分频
    TIM_TimeBaseStructure.TIM_ClockDivision=0; //设置时钟分割:TDTS=Tck_tim
    TIM_TimeBaseStructure.TIM_CounterMode=TIM_CounterMode_Up; //TIM 向上
        //计数模式在向上计数模式中, 计时器从 0 计数到自动加载值, 然后从 0 开始计数并产生一
        //个计数器溢出事件, 在向上达到设置的周期次数时, 将产生更新事件.否则每次计数器溢
        //出时才产生更新事件
    TIM_TimeBaseInit(TIM3,&TIM_TimeBaseStructure);//根据 TIM_TimeBase
                            //Struct 中指定的参数初始化 TIM3 的时间基数单位
    GPIO_InitStructure.GPIO_Pin=GPIO_Pin_0|GPIO_Pin_1;
    GPIO_InitStructure.GPIO_Speed=GPIO_Speed_50MHz;
    GPIO_InitStructure.GPIO_Mode=GPIO_Mode_AF_PP; //设置为复用推挽输出
    GPIO_Init(GPIOB, &GPIO_InitStructure);
    TIM_OCInitStructure.TIM_OCMode=TIM_OCMode_PWM1;  //选择定时器模式:TIM
                                            //脉冲宽度调制模式 1
    TIM_OCInitStructure.TIM_OutputState=TIM_OutputState_Enable; //比较
                                            //输出使能
    TIM_OCInitStructure.TIM_Pulse=850;//设置待装入捕获比较寄存器的脉冲值, 初
                                            //始的占空比
    TIM_OCInitStructure.TIM_OCPolarity=TIM_OCPolarity_High;  //输出极性:
                                            //TIM 输出比较极性高
```

```
TIM_OC3Init(TIM3, &TIM_OCInitStructure); //根据 TIM_OCInitStruct 中指
                                         //定的参数初始化外设 TIM3,PB0
TIM_OC3PreloadConfig(TIM3, TIM_OCPreload_Enable); //使能 TIMx 在 CCR2
                                                  //上的预装载寄存器
TIM_OCInitStructure.TIM_OutputState=TIM_OutputState_Enable;
TIM_OCInitStructure.TIM_Pulse=850;
TIM_OC4Init(TIM3, &TIM_OCInitStructure); //PB1
TIM_OC4PreloadConfig(TIM3, TIM_OCPreload_Enable); //使能 TIM3 在 CCR2
                                                  //上的预装载寄存器

/TIM_ARRPreloadConfig(TIM3, ENABLE); //使能 TIM3 在 ARR 上的预装载寄存器
TIM_Cmd(TIM3, ENABLE); //使能 TIM3 外设
}
```

2．路径规划模块

沙盘中智能小车路径规划的功能是通过射频识别 RFID 卡片实现的。其主要方法是智能交通沙盘下铺设有磁条导轨道路，在道路的各个位置如十字路口、停车场、ETC 收费站、都铺设有 RFID 卡片，智能小车通过磁导航模块确定行车路线，通过识别沙盘下方的不同 RFID 标签号确定车辆的位置，根据相关的标签信号触发车辆的特定行为，完成车辆的转弯、公交车停靠站台、ETC 收费等操作。

智能小车的路径规划模块主要是对小车的路线进行规划，确定小车在沙盘上行驶的具体路线和小车在遇到特殊的 RFID 标签小车行驶的路线。图 4-11 所示为 RFID 标签实物图。

整个沙盘系统的每一条路面上隔一段距离都有一个 RFID 电子标签，标签分为普通标签和特殊标签。普通标签是决定小车只有一条路径的标签，路径只能直行、右转、左转。特殊标签就是决定小车有两条路径的标签，这时路径分为可直行可右转、可直行可左转、可左转可右转 3 种情况。

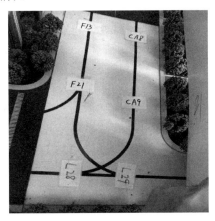

图 4-11　RFID 标签实物图

小车在沙盘上前进会扫到 RFID 电子标签，当扫到普通标签时就按照该 RFID 电子标签的信息正常前进；小车扫到特殊标签时就上报信息，这时行驶的路径有两条，由路径编码和路径编码有效位数决定。

设置的小车路径规划函数包含了险情提醒、出库入库（出入停车场）检测、辅助直

线点、辅助左转右转点、减速带标志检测，以上都算是特殊的 RFID 标签，而在检测到一般的 RFID 电子标签时就是通过磁导航实现小车正常行进。图 4-12 所示为整个沙盘系统的标签位置图。

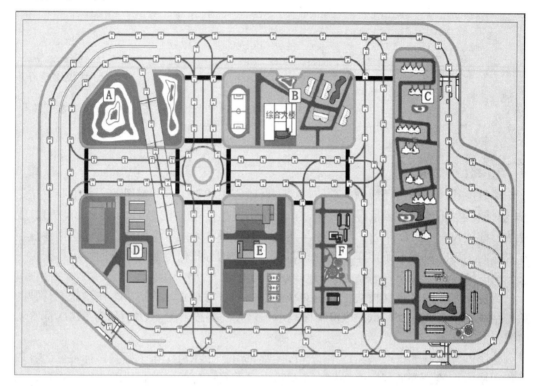

图 4-12　沙盘系统的标签位置图

3．红外碰撞检测模块

此模块也称小车避障模块，是指通过红外传感器扫描识别小车前方有无障碍物，扫描到前方有障碍物时小车停止，然后绕过障碍物。但因为现有沙盘上路面都是单行道，并且小车在沙盘上行驶还与磁导航有关，目前只能实现遇到障碍物停止前进，障碍物离开后继续前进。而绕开障碍物继续前进的功能需要放在沙盘以外的环境下实现。

那么小车的避障模块分两种情况设计：小车在沙盘上避障的情况和小车不在沙盘上避障的情况如图 4-13 所示。红外避障处理函数主要是通过触发外部中断确定前方有障碍物，然后在沙盘上小车执行停止程序；在沙盘以外的情况下小车扫描到前方有障碍物后，执行停止程序、后退程序以及左转或右转程序，绕过障碍物之后直行。小车的前行后退停止主要就是通过设置 STM32 芯片的引脚 12、引脚 13、引脚 14、引脚 15 四个引脚的高低电平来实现。

4．磁导航自动循迹模块

自动循迹功能是小车根据磁导航在沙盘上运行的功能。小车车头下有磁导航传感器，其上有 3 个检测点就是扫描路面上的磁条的（见图 4-14），这 3 个点结合小车的走向完成状态位识别共同决定小车具体调整的模式，也根据触发的情况对小车的左轮或右轮进行调速来调整小车的运行状态，以保持小车在路面的中间行驶而不会偏离轨道。

图 4-13　智能小车绕开障碍物

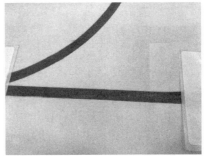

图 4-14　磁导航磁条

自动循迹函数主要有两项功能：一是通过小车前方 3 个点中触发的点和小车具体的运行状态或 RFID 电子标签的转向模式共同决定小车的轨迹；二是在不同情况下对小车的调速，当小车有一边快要偏离轨道时，小车执行调速程序使小车保持在磁导航磁条上行驶，例如车头有点偏左边，就适当调节小车左轮速度加快，使小车偏右转到正中间位置正常行驶。

5．ZigBee 通信功能模块

此模块主要实现的是智能小车与物联网网关之间收发无线通信传输的数据，小车需要通过 ZigBee 模块将一些数据信息上报给网关，主要上报的是小车信息、小车运行状态、小车到达特殊位置的反馈指令、小车的位置信息等。而网关是通过 ZigBee 协调器实现对小车的控制，主要是在小车经过交通灯路口时，小车进、出停车场或进、出 ETC 出入口时需要进行通信控制。小车与网关通信主要是通过将数据帧格式的信息存入缓冲区的方式。

程序中主动上报函数主要是小车节点地址与网关相连的 ZigBee 协调器地址通信。不管是小车上报信息给网关还是网关发送指令给小车调用的都是该函数。该函数上报的信息都是以数据帧的形式，数据帧中包含启动命令字、节点地址、协调器地址、数据信息、字节数和校验和等来实现的。智能小车接收物联网网关发来的命令信息如表 4-1 所示。

表 4-1　智能小车接收物联网网关发来的信息表

车辆信息	0X11	第 1 个字节：车辆 ID； 第 2 个字节：车辆类型，0：公交车；1：私家车
运行命令	0X12	运动指令： 00：前进（结合路径编码实现）； 01：停止； 02：加速； 03：减速； 04：入库（进入车库时使用）； 05：出库（从停车位到停车场出口时使用）

6. RFID 读卡功能模块

小车行驶过程中检测到 RFID 电子标签，是实现小车路径规划的基础，小车实现路径规划的首要条件就是要 RFID 读卡成功，即读出 RFID 电子标签的内容，通过该内容来确定 RFID 电子标签的位置。写卡是在小车运行前执行的，就是写入 RFID 标签的信息。

电子标签位置检测函数是确定 RFID 电子标签的位置是否正确，成功之后执行路径规划程序，这主要是小车运行过程中需要进行的，位置检测函数除了要执行读卡操作，还要判断车的类型。因为私家车和公交车路线不同，公交车遇到公交站牌要停，而私家车不用停。公交车不能进入停车场和高速路，而私家车可以。路径规划程序是根据小车或者公交车读出的 RFID 卡片所在位置，然后确定各自的路线。

4.3　智能小车软件开发工具介绍

软件安装

基于 STM32 的嵌入式应用多在 Keil μVision5（也称 Keil MDK）集成开发环境中使用 C 语言进行开发。Keil μVision5 软件基于 Cortex-M 处理器设备提供了一个完整的开发环境，专为微控制器应用而设计，功能强大，能够满足大多数嵌入式应用开发。另外，意法半导体公司在生产芯片的同时，还提供封装了寄存器操作的外设函数库，使用外设函数库进行编程开发大大提高了开发效率，缩短了开发周期。

4.3.1　开发工具 Keil 软件介绍

RealView Microcontroller Development Kit（RealView MDK）开发套件源自德国 Keil 公司，是 ARM 公司推出的针对各种嵌入式处理器的软件开发工具。RealView MDK 集成了业内最领先的技术，融合了多数软件开发工程师所需的特点和功能。包括 μVision 集成开发环境与 RealView 编译器，支持 ARM7、ARM9 和 Cortex-M3 核处理器，自动配置启动代码，集成 Flash 烧写模块，具有强大的 Simulation 设备模拟、性能分析等功能。

RealView MDK 出众的价格优势和功能优势，势将成为 ARM 软件开发工具的标准。

Keil 提供了包括 C 语言编译器、库管理、连接器以及宏汇编和一个功能强大的仿真调试器等在内的完整开发方案，通过一个集成式开发环境（μVision）将这些功能组合在一起。2009 年 2 月发布了 Keil μVision4，在 Keil μVision4 版本里，引入了灵活的窗口管理系统，能够使用鼠标等工具拖放视图内的任何地方，包括支持多显示器窗口。该版本支持更多最新的 ARM 芯片，还添加了一些其他新功能。

2011 年 3 月，ARM 公司发布集成开发环境 RealView MDK，开发工具中集成了 Keil μVision4，其编译器、调试工具实现与 ARM 器件完美匹配。2013 年 10 月，Keil 正式发布了 Keil μVision5 IDE，如图 4-15 和 4-16 所示。该版本使用 μVision5 IDE 集成开发环境，是目前针对 ARM 微控制器，尤其是 ARM Cortex-M 内核微控制器最佳的一款集成开发工具。

图 4-15　Keil μVision5

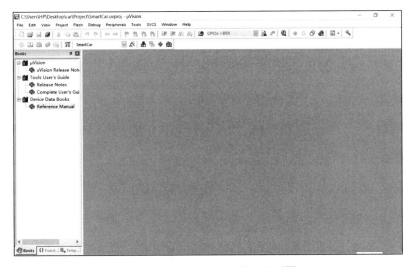

图 4-16　Keil μVision5 打开界面图

　　Keil 软件环境创建工程详细步骤请参考附录 A。在 Keil 软件里编辑一个源程序，通过 Keil 软件编译、连接产生.hex 文件，如图 4-17 和图 4-18 所示。

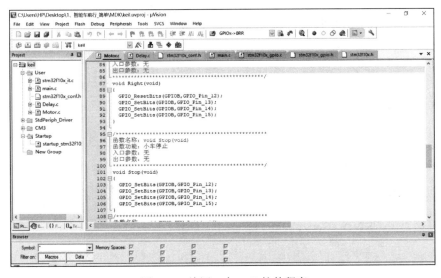

图 4-17　编写一个 Keil 软件程序

gpio_init.o	2015/4/14 16:02
iic.d	2015/4/12 21:01
keil.axf	2015/8/5 10:09
keil.build_log	2017/5/5 11:39
keil.hex	2015/8/5 10:09
keil	2015/8/5 10:09

图 4-18　生成一个 keil.hex 文件

4.3.2　智能小车其他相关开发软件工具介绍

1. ST-LINK 设备及其下载软件

ST-LINK 是 ST 意法半导体为评估、开发 STM8 系列和 STM32 系列 MCU 而设计的一款可以在线仿真及下载程序到目标板的开发工具。它具有 SWIM、JTAG / SWD 等通信接口，用于与 STM8 或 STM32 微控制器进行通信，如图 4-19 所示。

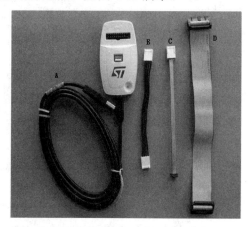

图 4-19　ST-LINK 设备及其连接线

STM8 系列通过 SWIM 接口与 ST-LINK 连接；STM32 系列通过 JTAG/SWD 接口与 ST-LINK 连接。ST-LINK 通过 USB2.0 与 PC 端连接。ST-LINK 支持所有带 SWIM 接口的 STM8 系列单片机；支持所有带 JTAG / SWD 接口的 STM32 系列单片机。具体连接线和连接方法如图 4-20 所示。

A 线：是连接 PC 与 ST-LINK 设备的连接线，其中线的一端是连接 PC 的标准 USB 接口，另一端是连接 ST-LINK 的 MiniUSB 接口。

B 线：是带有 SWIM 接口的 Low-cost 连接线。

C 线：一端带有标准 ERNI 连接器的 SWIM 扁平线。

D 线：带有 20 个引脚的 JTAG/SWD 的连接线。

B、C、D 线都是连接 ST-LINK 与目标板的连接线。其中，SWIM（Single Wire Interface Module）为单线接口模块；JTAG（Joint Test Action Group，联合测试工作组）是一种国际标准测试协议；SWD（Serial Wire Debugging）为串行调试接口。

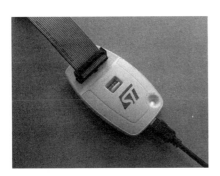
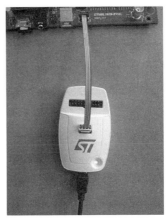

图 4-20　连接线和连接方法

　　由于智能小车的目标版是需要封装在小车外壳之内的，空间有限，这里采用联创中控公司特制的 ST-LINK 调试器及连接线，如图 4-21 所示。

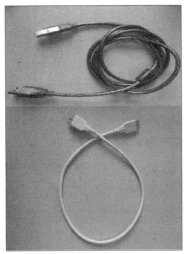

图 4-21　ST-LINK 调试器及连接线

　　图 4-21 中白色线为智能小车和 ST-LINK 的连接线，一端连接智能小车的调试下载口，另一端连接 ST-LINK 的 Debug 口。图 4-21 中蓝色线有 USB 口的一端连接到 PC，另一端连接到 ST-LINK 的 USB-Debug 口，如图 4-22 所示。USB-RS232 口用来进行 ZigBee 网络配置，后面在 ZigBee 网络配置中会提到。

　　当智能小车与 PC 之间通过 ST-LINK 连接之后，需要安装 ST-LINKV2 转 USB 的驱动程序。官网上下载驱动程序的地址 https://www.st.com/content/st_com/en /products/development-tools/software-development-tools/stm32-software-development-tools/stm32-utilities/stsw-link009.html，下载安装成功后，打开设备管理器，如果能找到 STM32 STLink（见图 4-23）就说明驱动安装好了，ST-LINK 与 PC 之间连接好了。接下来就可以通过下载软件通过 Keil 软件编辑运行生成的.hex 文件。

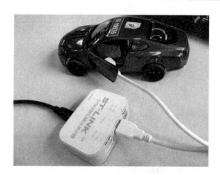

图 4-22 ST-LINK 与智能小车的连接图   图 4-23   设备管理器显示出 STLink 设备

STM32 ST-LINK Utility 是一款功能强大的单片机烧录软件，可以完成芯片数据上传与烧写，当需要查看芯片的 FLASH 数据时，就可以很快定位查找到想要的数据。

STM32 ST-LINK Utility 软件主要是下载程序（可执行 hex 文件），因此需要编程工具生成 hex 文件才行。常用工具 Keil 生成 hex 的配置方法如下：

（1）Keil 生成 hex 配置。选择 Project→Options for Target 'keil'→Output 命令，在打开的对话框中选中 Create HEX File 复选框，如图 4-24 所示。

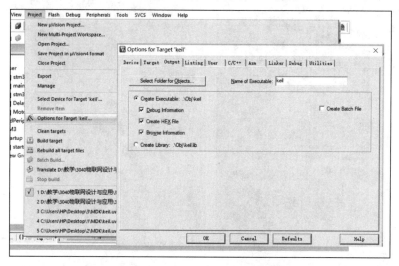

图 4-24   选择 Create HEX File

（2）读取 STM32 内部 FLASH 及芯片信息。打开 STM32 ST-LINK Utility 软件，选择 Target→connect 命令或直接单击"连接"按钮连接芯片。单击"连接"按钮之前可以设置读取 FLASH 的起始地址、读取长度和数据显示的宽度。

（3）打开程序（hex）。在连接好之后，打开需要下载的程序.hex 文件。打开.hex 文件可以选择 File→Open File 命令，也可以直接将.hex 文件拖动到 FLASH 区域。

（4）下载程序（hex）。打开.hex 文件完成之后，选择 Target→Program 命令，也可以直接单击"下载"按钮，弹出信息确认窗口，如.hex 文件路径、验证方式等，确认信息无误后单击 Start 下载程序。下载过程时间长短与程序大小有关，一般都很快，出现 Verification...OK，说明下载成功。下载方法详见附录 B。

2．PC 与 ZigBee 协调器设备的连接

当智能小车下载了 .hex 的运行程序之后，在运行过程中，需要与物联网网关（PC 或移动设备）进行通信。这里讲述智能小车如何通过 ZigBee 协调器与 PC 之间进行通信。

ZigBee 网络配置的连线方法

首先，需要将 PC 与 ZigBee 协调器（见图 4-25）通过串行连接线（见图 4-26）相连接。连接方式如图 4-27 和图 4-28 所示。即将 ZigBee 协调器的电源适配器连接在 ZigBee 协调器设备的 DC 口，并插入电源插座，将 ZigBee 协调器的连接线串口一端插在 ZigBee 的 RS232 口上，另一端 USB 接口连接 PC。

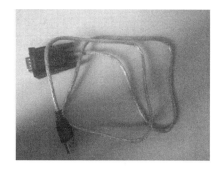

图 4-25　ZigBee 协调器　　　　　图 4-26　ZigBee 协调器连接 PC 的串口线

图 4-27　协调器连接方式

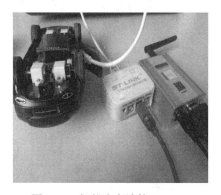

图 4-28　智能小车连接 ST-link、ZigBee 协调器与 PC 的连接方式

连接成功后，需要安装 USB 转串口驱动程序，这个工具会在本书电子资源中提供，安装成功后，会在设备管理器看到对应的串口接口 USB-SERIAL CH340（COM*）。这里

"*"代表数字，表示 COM 的端口号。如图 4-29 所示，表示 ZigBee 协调器通过串口 COM4 口连接到 PC 上。

连接 ZigBee 协调器的 PC 相当于网络组织的管理者，需要配置正确合理的网络参数，建立一个网络。在整个过程中，需要配置使智能小车与 PC 处于同一个网络中，即将智

PC 与协调器连接后网络配置方法

能小车的网络 ID 与 PC 相连接的 ZigBee 协调器的网络 ID 配置成相同值，这样才能使智能小车与 PC 正常通信。在介绍如何进行网络配置之前，首先介绍一下 ZigBee 网络配置助手软件。

3．ZigBee 网络配置助手软件

沙盘系统中 ZigBee 网络配置助手使用的是顺舟 ZigBee 配置助手软件，如图 4-30 所示。安装并打开之后显示如图 4-31 所示的界面。

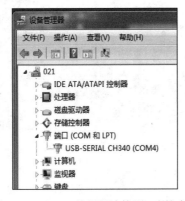

图 4-29　ZigBee 协调器连接到 PC 的串口　　　　图 4-30　ZigBee 网络配置助手软件图标

如果串口打开正确，会出现如图 4-32 所示的。

选中"透传版本"单选按钮，单击"读取配置"按钮，如果读取位置错误，会出现如图 4-33 所示的提示对话框。如果读取位置正确，会出现如图 4-34 所示的对话框。

图 4-31　ZigBee 协调器网络配置的软件界面　　　　图 4-32　打开串口

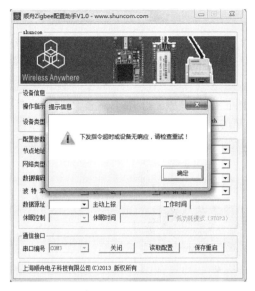

图 4-33　读取位置错误　　　　　　　　　　图 4-34　读取位置正确

这里的网络 ID 通信双方必须保持一致，否则不能通信。

节点类型：如果是网关，则选择中心节点；如果是智能小车，选择终端节点。

发送模式：如果是网关，则选择广播模式；如果是智能小车，选择主从模式。

设置好 ZigBee 模块的参数，然后点击"保存重启"按钮，则显示已经配置好的信息。

图 4-35 和图 4-36 分别对应智能小车节点配置和网关连接的 ZigBee 协调器的配置。图 4-35 中的节点地址是智能小车的标识号，串口超时设置为 10 秒，节点类型设置智能小车为"终端节点"。网络类型为"星形网"，网络 ID 设置为 F4，这个值必须与网关连接的协调器的网络 ID（见图 4-36）保持一致。无线频点为 9~2.450 GHz，这是 ZigBee 的无线频点。数据编码设置为 HEX（十六进制）。发送模式设置为"主从"模式，发送功率设置为"最大"方式。波特率小车设置为 115200，网关设置为 38400，校验设置为 NONE，数据位采用 8+0+1 位。

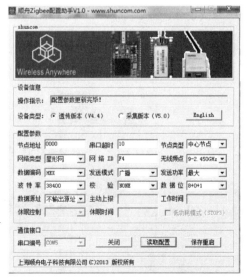

图 4-35　智能小车节点配置参数　　　　　　图 4-36　ZigBee 协调器配置参数

4．ZigBee 网络配置的具体操作方法

ZigBee 网络配置包括两方面的配置：一方面是智能小车自身携带的 ZigBee 模块的网络配置；另一方面是与 PC 相连接的 ZigBee 协调器的网络配置。

首先设置与 PC 相连接的 ZigBee 协调器网络配置。当串口线和电源线正确连接 ZigBee 协调器和 PC 之后，打开 Shuncom_ZigBee_Config.exe 的 ZigBee 配置助手软件，选择相应的串口并打开，选择设备类型为"透传版本"，按下 ZigBee 协调器的复位键，单击"读取配置"按钮，并按如图 4-37 所示进行设置，最后单击"保存重启"按钮，完成 ZigBee 协调器网络设置。

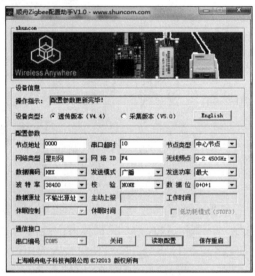

图 4-37　协调器网络参数配置

其次，介绍智能小车自身携带的 ZigBee 模块网络配置。具体步骤如下：

（1）转换 PC 与 ST-LINK 的连接口为 USB-RS232 口。因为使用 ST-LINK 对智能小车进行连接时，有两种连接方式：Debug 模式和 RS232 串口模式。如果对智能小车进行程序调试下载，需要将 PC 与 ST-LINK 的 USB-Debug 端口相连接；如果对智能小车进行 ZigBee 网络配置，需要将 USB-Debug 连接线接口切换到 USB-RS232 口，如图 4-38 所示。

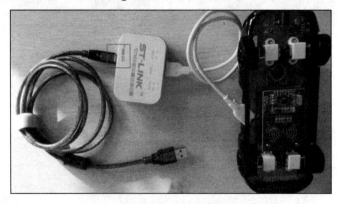

图 4-38　智能小车网络配置接线方法

（2）在对智能小车进行 ZigBee 网络配置之前，需要将智能小车底部的跳线换到 1、

2 插针处以选择为网络配置模式，（如果是对智能小车进行程序下载，需要将跳线插在 5、6 插针处以便进入程序调试模式，同时将连接 PC 与 ST-LINK 的连接口转到 USB-Debug 口），如图 4-39 所示。

图 4-39　智能小车跳线配置方法

（3）打开智能小车电源开关，打开 ZigBee 配置软件 Shuncom_ZigBee_ Config.exe，打开串口，选择"透传版本"，如图 4-40 所示。

（4）利用导电物品连接 ZigBee 模块复位引脚（3 秒），也可以采用跳线连接或者按下复位键，如图 4-41 所示。

此时，ZigBee 配置助手就会出现智能小车初始参数，修改智能小车 ZigBee 模块配置参数，主要是节点类型为"终端节点"，网络 ID 必须和 PC 连接的 ZigBee 协调器网络 ID 保持一致。波特率必须大于或等于 ZigBee 协调器的波特率，节点地址是该智能小车的 ID，其他选项如图 4-42 所示。然后单击"保存重启"按钮。

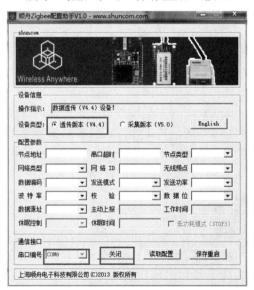

图 4-40　智能小车网络配置方法

图 4-41　智能小车网络配置复位键

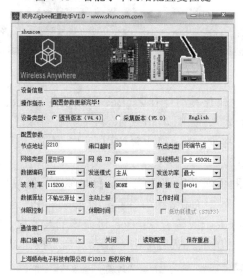

图 4-42　智能小车网络配置参数

（5）重复第（3）、（4）步骤，确保 ZigBee 模块配置成功。

5．串口通信

串口通信（Serial Communication）是指外设和处理器间通过数据信号线、地线等，按位进行传输数据的一种通信方式。其工作方式按照数据传输的方向以及数据的发送和接收是否能够同时进行可分为单工模式、半双工模式和全双工模式。典型的串口通信标准包括 EIA RS232 和 EIA RS485，这两种通信标准分别是由美国电子工业协会（EIA）在 1962 年和 1983 年制定的。

串口发送的一个数据帧是由起始位、数据位、奇偶校验位和停止位组成。数据帧的数据位字长可以是 8 位或者是 9 位，停止位可以是 0.5 位、1 位、1.5 位或 2 位。

当数据位为 8 位时，一个数据帧的格式如图 4-43 所示。首先是 1 位起始位，接着是 8 位数据位、1 位奇偶校验位，最后是停止位。

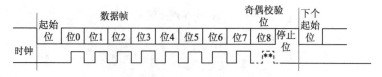

图 4-43　串口通信数据格式（数据位为 8 位时）

当数据位为 9 位时，一个数据帧的格式如图 4-44 所示。首先是 1 位起始位，接着是 9 位数据位，最后是停止位。

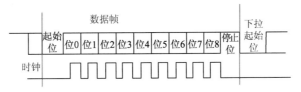

图 4-44　串口通信数据格式（数据位为 9 位时）

前面已经介绍了智能小车和 PC 的 ZigBee 网络配置，为了测试 ZigBee 网络配置是否成功，需要关闭 ZigBee 助手的串口。打开串口调试助手软件，在串口调试助手的界面打开连接 PC 的 ZigBee 适配器的串口，设置波特率为 38400，并在串口调试助手的发送数据窗口写入要发送的数据，该数据将通过 ZigBee 适配器发送给连接该网络的智能小车，智能小车再将数据通过 ZigBee 网络发送给与 PC 相连接的 ZigBee 适配器，该适配器将收到的数据通过该串口调试助手显示出来，如图 4-45 所示。

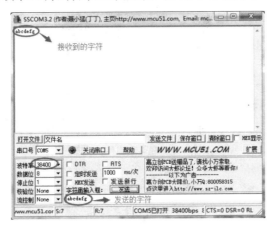

图 4-45　智能小车与 PC 通信

第5章

智能停车场管理系统

　　智能停车场管理系统是现代化停车场车辆收费及设备自动化管理的统称，是将停车场完全置于计算机统一管理下的高科技机电一体化产品。它以感应卡（IC 卡或 ID 卡）为载体，通过智能设备使感应卡记录车辆及持卡人进出的相关信息，同时对其信息加以运算、传送并通过字符显示、语音播报等人机界面转化成人工能够辨别和判断的信号，从而实现计时收费、车辆管理等目的。

　　停车场管理系统配置包括停车场控制器、远距离IC 卡读卡器、感应卡（有源卡和无源卡）、自动智能道闸、车辆感应器、地感线圈、通信适配器、摄像机、视频数字录像机、传输设备、停车场系统管理软件、语音提示等。这种系统有助于公司企业、政府机关等对于内部车辆和外来车辆的进出进行现代化的管理，对加强企业的管理力度和提高公司的形象有较大的帮助。

　　智能停车场管理系统由入场、出场和停车管理三大功能模块组成。这三大功能模块包含信息的采集与传输、信息的处理与人机界面、信息的存储与查询。图 5-1 所示为智能停车场岗亭。

图 5-1　智能停车场岗亭

5.1　三大功能模块介绍

5.1.1　入场功能模块

　　停车场入场方式可以分为 3 种模式：车牌自动识别、车辆感应 IC 卡、手动获取临时卡。

　　车牌自动识别是对进入停车场的车辆进行摄像头拍照，当识别车牌之后，根据后台数据库记录信息来判定该车为临时车辆还是内部车辆。如果是临时车辆，记录入场时间及入场时的照片；如果是内部车辆，计算机会自动从数据库中提取驾驶人姓名和进出入的相关信息，车闸自动开启，数字录像机开始录像，拍下该车进入时的过程。

　　车辆感应 IC 卡用于存储持卡人及车辆的各种信息，一般安装在每辆车的驾驶室的前风窗玻璃里面，当车辆驶过读卡感应器的感应区（离读感器 2 m 左右）时，感应 IC 卡通过读卡感应器发过来的激发信号产生回应信号发回给读卡感应器。读卡感应器再将这个读取信号传递给停车场控制器，停车场控制器收到信息后，经自动核对为有效卡后，车闸自动开启，数字录像机开始录像，拍下该车进入时的照片，计算机记录车子牌号及驾驶人姓名和进出入的信息。

手动获取临时卡是当车辆进入停车场时，地感线圈自动检测到车辆的到来，自动出票机的中文电子显示屏上显示"欢迎光临，请取卡"。根据出票机上的提示，驾驶人按"入口自动出票机"上的出票按钮，自动出票机将吐出一张感应 IC 卡，并且读卡器已自动读完临时卡。道闸开启，数字录像机启动拍照功能，控制器记录下该车的进入时间。

5.1.2　出场功能模块

临时停车收费功能是停车场管理出场功能模块的主要功能，主要针对非内部车辆。由于入场功能模块通过摄像头拍照或者感应 IC 卡或者是临时车进场时从出票机中领取临时卡，已经记录了车辆入场时的时间。计算机根据入场时间和出场时间计算在出场时缴纳规定的费用，经确认后方能离开。出场过程如下：

当临时车辆驶出停车场时，如果摄像头具有车牌识别功能或者读卡感应器读取了车辆感应 IC 卡的内容，识别出车辆信息，经过计算，在显示屏上会出现停车时间及缴费金额，驾驶人交完费用后，在收费计算机上确认，道闸开启，数字录像机启动拍照功能，照片存入计算机硬盘内，控制器记录下该出场时间。

如果使用的是临时卡，驾驶人将临时卡在出口票箱处的感应区感应一下，停车场控制器自动检测出是临时卡，道闸将不会自动开启。出口票箱的中文电子显示屏上显示"请交费用**元"，驾驶人将卡还给管理员，交完费后，经管理员在收费计算机上确认，道闸开启，数字录像机启动拍照功能，照片存入计算机硬盘，控制器记录下该出场时间。临时车将实行按次和时间停车缴费，缴费条件由计算机的管理软件设置。

5.1.3　停车场管理功能

停车场管理功能是对停车场信息集中汇总、综合处理、智能反应的核心功能，管理者通过停车场管理功能全面掌控停车场各项信息指标，包括车位引导、反向寻车、特殊车辆管理、图像对比、自动备份、报警提示等功能。目的是为了实现智能化、综合化的统一调度和管理。

1．车位引导

通过短信查询、网上查询、终端显示等多种方式向驾驶人提供停车场的车位占用状况、内部行驶路线等信息，以优化、便捷的方式引导驾驶人找到停车位。

该功能能够减少为寻找车位而耗费的时间，平衡停车在时间与空间上的竞争，改善由寻找停车位造成的车流拥堵。同时，对提高停车设施使用率、优化停车场经营管理以及促进商业区域的经济活力等方面有着极其重要的作用。

2．反向寻车

在商场、购物中心等大型停车场内，车主在返回停车场时往往由于停车场空间大，环境及标志物类似、方向不易辨别等原因，容易在停车场内迷失方向，找不到自己的车辆。反向寻车功能，通过智能终端或手机短信查询车辆所停的位置及引导路线，方便用户尽快找到车辆停放的区域。

3．特殊车辆管理

特殊车辆管理是智能停车场的一项重要升级功能，利用车位感知、视频识别、智能读卡等技术手段，为特殊车辆提供专属权限，停车场入口能够主动识别特殊车辆身份，自动引导进入专属车位。当特殊车辆的车位被非法占用时，系统自动予以报警。

4．图像对比

对车辆和持卡人在停车场内流动时进行图像存储、文字信息的采集，并定期保存以备物管处、交管部门查询。车辆进出停车场时，数字录像机自动启动摄像功能，并将照片文件存储在计算机里。出场时，计算机自动将新照片和该车最后入场的照片进行对比，监控人员能实时监视车辆的安全情况。

5.2　智能停车场管理系统的组成

停车场管理系统本质上是一个分布式的集散控制系统，由停车场入口、出口管理和停车场内部管理两部分组成。停车场入口和出口管理系统架构图如图 5-2 所示。

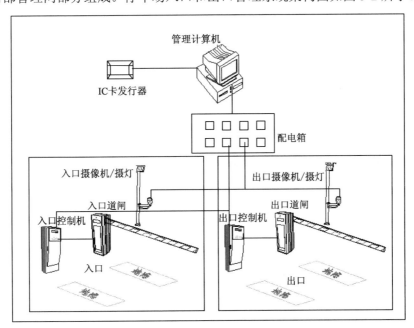

图 5-2　停车场入口和出口管理系统架构图

5.2.1　智能停车场入口和出口主要硬件设备

停车场入/出口外围基本硬件设备由自动道闸、控制机、聚光灯和摄像头组成，如图 5-3 所示。此外，地面上还应该配有地感线圈。

1．道闸

道闸主要由主机、闸杆、夹头、叉杆等组成，而主机则由机箱、机箱盖、电动机、减速器、带轮、齿轮、连杆、摇杆、主轴、平衡弹簧、光电开关、控制盒以及压力电波装置（配置选择）等组成。

道闸的控制方式也有两种：手动和自动。手动闸是栏杆的上升和下降由手控按钮或遥控器来操作；自动闸是栏杆的上升由手控/遥控/控制机控制，下降由感应器检测后自动落杆。道闸可分为：直杆型、折叠杆型、栅栏型。

图 5-3　停车场入/出口设备

2．地感（车辆检测器）

当有车压在地感线圈上时，车身的铁物质使地感线圈磁场发生变化，地感模块就会输出一个 TTL 信号。一般来讲，进出口各装两个地感模块，第一个地感作用为车辆到来检测，第二个地感则具有防砸车功能，确保车辆在完全离开自动门闸前门闸不会关闭。

（1）当车辆在地感线圈上时，所有关信号无效即栏杆机不会落杆。

（2）当车辆通过地感线圈后，将发出一个关信号，栏杆机自动落杆。

（3）栏杆在下落过程中，当有车辆压到线圈栏杆将马上反向运转升杆，并和手动、遥控或计算机配合可完成车队通过功能。

3．出、入口控制机

停车场控制机用于停车场出入口的控制，实现对进出车辆的自动吞吐卡、感应读卡、信息显示、语音操作提示等基本功能，是整个停车场硬件设备的核心部分，也是系统承上启下的桥梁，上对收费控制计算机，下对各功能模块及设备。

1）入口控制机组成部分

入口控制机内一般有控制主板（单片机）、感应器、出卡机构、IC（ID）卡读卡器、LED 显示器、出卡按钮、通话按钮、喇叭等部件，此外还有专用电源为上述部件提供其所需的 5 V、12 V 及 24 V 工作电压。

当车辆驶入感应线圈时，单片机检测到感应信号，驱动语音芯片发出操作提示语音，同时给 LED 发出信号，显示文字提示信息。驾驶人按操作提示按"取卡"键后，单片机接受取卡信号并发出控制指令给出卡机构，同时对读卡系统发出控制信号。出卡机构接到出卡信号，驱动电动机转动，出一张卡后便自动停止。读卡系统接到单片机的控制信号开始寻卡，检测到卡便读出卡内信息同时将信息传给单片机，单片机自动判断卡的有效性，并将卡的信息上传给计算机。单片机在收到计算机的开闸信号后便给道闸发出开闸信号。

2）出口控制机组成部分

出口控制机内一般有控制主板（单片机）、感应器、收卡机构、IC（ID）卡读卡器、

LED 显示器、通话按钮、喇叭等部件，此外还有专用电源为上述部件提供其所需的 5 V、12 V 及 24 V 工作电压。

当车辆驶入感应线圈时，单片机检测到感应信号，驱动语音芯片发出操作提示语音，同时给 LED 发出信号，显示文字提示信息。驾驶人持月卡在读卡区域刷卡，单片机自动判断该卡的有效性并将信息传给计算机，等待计算机的开闸命令。单片机在收到计算机的开闸信号后便给道闸发出开闸信号。如果驾驶人持的是临时卡，将卡插入收卡口，收卡机将卡吃进收卡机构，并向计算机传送卡号，等待计算机发出开闸信号，开闸后收卡。其工作原理同入口控制机。

4．车辆图像对比系统

图像抓拍设备包括抓拍摄像机、图像捕捉卡及软件。摄像机将入口及出口的影像视频实时传送到管理计算机，入口车辆取票、读卡的瞬间或出口车辆读票、读卡的瞬间，或系统检测到有非正常的车辆出入时，软件系统抓拍图像，并与相应的进出场数据打包，供系统调用。出口车辆读票、读卡的瞬间，软件系统不仅抓拍图像，而且会自动寻找并调出对应的入场图像，自动并排显示出来。抓拍到的图像可以长期保存在管理计算机的数据库内，方便将来查证。图像对比组件的主要作用如下：

（1）防止换车：图像对比画面可以帮助值班人员及时判断进出车辆是否一致。

（2）解决丢票争议：当车主遗失停车凭证时，可以通过进场图像解决争端。

（3）验证免费车辆：作为免费车辆处理的出场记录，事后可以通过查询对应的图像来验证免费车辆的真实性。

5．车牌自动识别系统

车牌自动识别系统建立在图像对比组件的基础上，利用图像对比组件抓拍到的车辆高清晰图像，自动提取图像中的车牌号码信息，自动进行车牌号码比较，并以文本的格式与进出场数据打包保存。车牌自动识别组件的主要作用如下：

（1）更有效地防止换车：车辆出场时，车牌识别组件自动比较该车的进出场车牌号码是否一致，若不一致，出口道闸不动作，并发出报警提示，以提醒值班人员注意。

（2）更有效地解决丢票争议：当车主遗失停车凭证时，输入车牌号码后立即可以找到已丢失票的票号及进出场时间。

（3）实现真正的“一卡一车”：发行月卡时若与车牌号码绑定，只有该车牌号码的车才可以使用该月卡，其他车辆无法使用。

目前，随着车牌识别技术的发展，很多停车场已经不再使用 IC 卡入场，而是直接根据车牌识别判断是内部车辆还是外部车辆，并记录入场时间、出场时间进行计费。

6．远距离读卡系统

远距离读卡器应用微波传输和红外定位技术，其主要功能是实现车辆和路边设备的数据传输和交换，以适应不停车识别的各种应用需要，被广泛用于停车场管理系统、ETC 电子不停车收费系统、车辆查验系统、电子称重系统、运输车考勤管理系统。

读写系统是基于蓝牙短程通信协议采用红外与射频相结合的原理，同时具有红外通信和微波通信 2 种方式的优点，又克服了二者的缺点。利用红外线的直线传播和方向性强的特点实现了精确的读写角度定位，解决了纯无线电远距离读卡器的无方向性或方向性不强从而导致了在实际应用当中的相互干扰（远距离读卡器在停车场上当进出口车道相邻时，由于两车道距离太近，使用纯无线电远距离就会互相干扰）问题。

卡与读卡器之间通信采用无线射频技术，与微波传输速率相同，同时又不像微波通信稳定性和抗干扰能力差。由于采用红外线定位和射频远距离扫描技术，无须考虑多个远距离卡之间互相干扰的问题，射频功率 3~5 mW 就可以实现稳定可靠的通信，如此小的射频功率完全在无线电管制容许范围内，无须获得无线电频率许可，无须大功率射频发射机，系统成本低廉。

停车场系统采用远距离读卡器，在国内停车场系统中越来越普及，主要针对月卡车辆，无须停车取卡/刷卡，不用摇窗，不用伸出手即可自动感应读卡开闸。其主要特征如下：

（1）方向性：读卡器采用红外定位的方式工作，具有严格的方向性，读卡区以外决不读卡。

（2）稳定性：读卡器应用多种环境传感技术，使其可根据环境的需要自动调节信号参数。

（3）适应性：读卡器具有多种工作模式，可根据应用环境的不同选择相应的工作模式，如室外工作模式（适用于露天停车场）、室内工作模式（适用于地下停车场）等。

图 5-4 所示为远距离读卡系统示意图，图 5-5 所示为车内被读卡片的位置及相关说明。

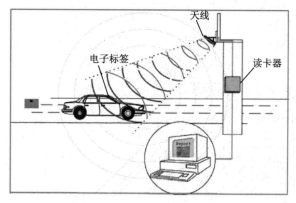

图 5-4　远距离读卡系统示意图

图 5-5　车内被读卡片的位置及相关说明

5.2.2　智能停车场管理系统软件设计

车辆驶入和驶出智能停车场系统的主要过程如下：

（1）车辆驶入入口时，可以看到停车场指示信息标号、标志显示的入口方向和停车场内空余车位的显示情况。根据识别的车牌号码以及停车场内的空余车位，系统会提示驾驶人是否可以进入该停车场。车辆进入停车场时，如果有验读机，驾驶人必须购买停车场票卡或者专用停车卡，通过验读机认可，入口电动栏才升起放行。

（2）车辆驶过栏杆后，栏杆自动放下来，阻挡后面的车辆进入。进入的车辆的资料将被拍摄并送至车牌图像识别器形成当时驶入车辆的车牌数据。车牌数据与停车凭证数据一齐存入计算机内的管理系统。

（3）进场的车辆在停车引导灯或者停车场内管理员的指引下，停在指定的位置。此时管理系统中的屏幕上面显示该车位已被占用的信息。

（4）车辆离场时，车辆驶到出口电动栏杆处，出示停车凭证并通过验读器识别出车辆的停车编号和出场时间，出口的车辆摄像识别器与验读器读出的数据一起送到管理系统，进行核对并计费。若当场收费，则由出口收费器收取。手续完毕后，出口电动栏杆升起放行。放行后电动栏杆落下。停车场车辆数目减一，后台数据库内的空余停车位和入口指示信息标志中的停车状态刷新一次。

通常，有人值守操作的停车场出口称为半自动停车场管理系统。若无人值守，则称为自动停车场管理系统。

1．进出场流程

感应 IC 卡的智能停车场的入场流程图如图 5-6 所示。固定车辆有车内感应卡，可以远距离读卡以便判断卡是否有效。如果是通过识别车牌进行系统查询，判断是否为内部固定车辆，则不需要人工发卡或者自动发卡环节，可以根据车牌判定。如果是内部固定车辆车牌，则判断其有效，否则就转临时车辆进行计费处理。

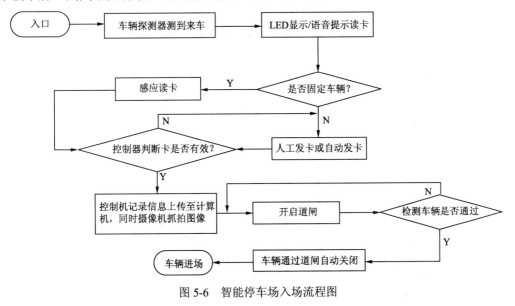

图 5-6　智能停车场入场流程图

感应 IC 卡的智能停车场的出场流程图如图 5-7 所示。固定车辆有车内感应卡，可以远距离读卡以便判断卡是否有效。如果是通过识别车牌，进行系统查询，判断是否为内部固定车辆，则不需要值班人员收卡、收费环节，可以根据车牌判定。如果是内部固定车辆车牌，则直接出场，否则就转临时车辆进行计费处理。

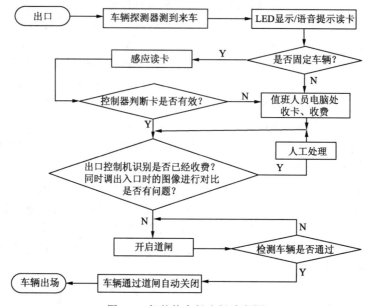

图 5-7　智能停车场出场流程图

从以上流程图可以看出，如果系统要实现全自动管理，需要去除人工发卡方式以及人工收费方式。目前大多数停车场都采用了通过车牌识别功能，去掉人工发卡或自动发卡环节，根据车牌判定其有效性，极大加速了车辆通行效率。

人工缴费方式会造成停车场内排队缴费拥堵现象，如果通过车牌进行自动扣费功能，则可以在出场流程中除去人工收费环节。目前大部分停车场已经实现了车主通过支付宝或者微信支付停车费功能，免除了人工收费环节。但车主必须找寻付款码，主动扫码付款，且必须在规定时间内离开，否则需要再次扫码缴费。如果能采用 ETC 方式根据车牌自动扣款，则会大大加速车辆通行效率。

2. 停车场管理模式

目前停车场的管理模式有如下几种：一进一出管理模式、多进多出管理模式、大套小管理模式、中央收费管理模式。

中央收费与出口收费的进场流程相同，出场流程不同：

出口收费是将收费计算机和出口设备一起安装在出口通道上，临时车出场时开车直接到岗亭窗口，将卡交给值班员交费、出场。

中央收费是将收费计算机设置在停车场的临时车主到车场的必经之路上或停车场内中心地带，临时车主出场时首先携卡到收费处交给值班员读卡缴费，交完费后值班员将卡还给车主，车主拿卡后开车在规定的时间内系统自动读卡收卡出场，若超过车场规定的免费取车时间，在出口控制机上读卡出场时，提示其需返回到收费中心缴费后再出场。

3. 停车场后台管理软件

停车场后台管理软件包括远程控制系统、远距离读卡系统、视频数据处理系统、计费系统以及数据库系统等。这些软件完成了停车场所需要的所有事务处理功能。图 5-8 和图 5-9 分别是图像监控界面和软件管理界面。

图 5-8　停车场图像监控界面

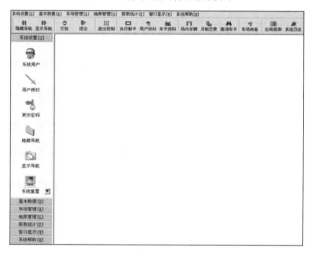

图 5-9　停车场管理软件界面

5.3　车辆引导管理系统

目前停车场普遍存在的问题如下：

（1）场内到底还有多少停车位可以使用，管理者一无所知，只能靠人工去勘察。

（2）泊车者进入停车场后无法迅速进入停车位置停放车辆，只能在场内无序流动寻找空余车位，不但占用场内出入主车道资源，甚至会造成场内交通拥堵。必须配备大量的专职管理人员在停车场内人工引导车辆停放，增加停车场管理成本。

（3）管理者每天无法及时统计不同时期的车流量，不能及时优化车位资源配置，导致停车场利用率低下。

数字化停车引导系统是一套可独立于停车场出入口收费系统运行的、实现车辆泊车诱导功能的停车场场内管理系统。

停车引导系统流程如下：

（1）当车辆进入地下停车场时，在地下停车场入口处的区域显示屏上可以实时查看当前停车场内总空余车辆数量，决定是否进入。

（2）进入后，车主通过车位引导屏可以快速了解各个停车区域的空余车位数量，通过箭头指示到达相应空闲区域。

（3）通过车位指示灯（见图5-10）快速判定车位是否占用（绿灯表示未占用，红灯表示占用），避免因其他车辆阻碍视线错过空余车位，完成快速停车。

图 5-10　车位指示灯

5.3.1　车位引导系统

为了提高停车场的信息化、智能化管理水平，给车主提供一种更加安全、舒适、方便、快捷和开放的环境，实现停车场运行的高效化、节能化、环保化，车位引导系统（见图5-11）可以自动引导车辆快速进入空车位，降低管理人员成本，消除寻找车位的烦恼，节省时间，使停车场形象更加完美。

通过安装在每个车位上方或下方的车位探测器，实时采集停车场的各个车位的车辆信息。连接探测器的节点控制器会按照轮询的方式，对所连接的各个探测器信息进行收集，并按照一定规则将数据压缩编码后反馈给中央控制器，由中央控制器完成数据处理，并将处理后的车位数据发送到停车场各个 LED 指示屏进行空车位信息的显示，从而实现引导车辆进入空余车位的功能。系统同时将数据传送给计算机，由计算机将数据存放到数据库服务器，用户可通过计算机终端查询停车场的实时车位信息及车场的年、月、日统计数据。

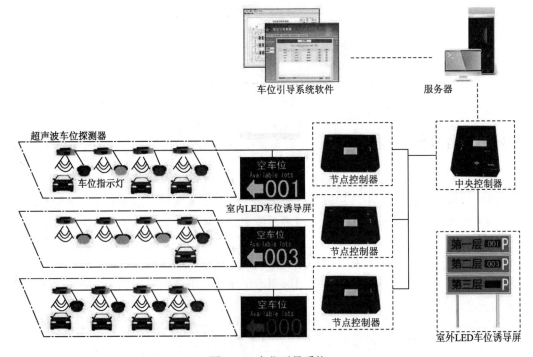

图 5-11　车位引导系统

5.3.2　区域引导系统

区域引导系统（见图 5-12）是通过地磁控制器采集安装在停车场内各个停车区域出入口的地磁探测器状态，来判断该区域车辆的进出数据，该数据会通过串口通信传送到区域中央。区域中央则负责通过串口通信收集各个地磁控制器的信息，并对车辆进出数据进行信息处理，从而得到各停车区域的空车位数信息，并且将该信息通过设置在停车场总入口及各个停车区域入口处的 LED 引导屏（见图 5-13）显示，来引导车主快速停车。

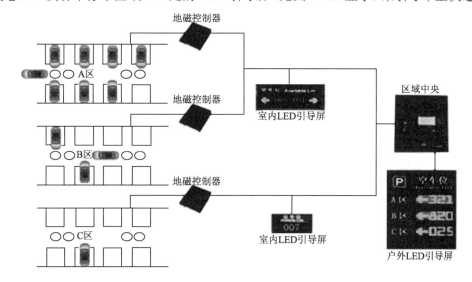

图 5-12　区域引导系统

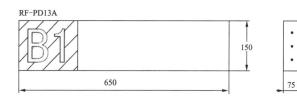

图 5-13　区域引导屏

5.3.3　智能寻车系统

1．智能寻车的应用

在泊车者返回停车场时，由于停车场楼层多，空间大，方向不易辨别，场景和标志物类似，车主容易找不到车。智能寻车系统可以帮助车主尽快找到车辆停放的区域，提高效率，加快停车场的车辆周转，提高停车场的使用率和营业收入。

2．智能寻车系统常用的两种查询模式

（1）车牌识别模式：查询结果范围比较广。车牌识别模式是基于计算机视觉技术，部署在停车场道口及通道上的摄像机实时拍摄车辆运动视频，利用前端摄像机实时回传视频图像（当车辆经过交叉路口的时候，位于本路段的摄像机会进行图像抓拍。实时记

录车辆所经过的区域），后端服务器从视频中识别车牌号。获得车辆的车牌号码信息，并不断更新数据库系统。车辆在哪个分区里最后出现过，则该车辆就在对应分区里，即车牌最后一次出现位置作为车辆停放位置。车主取车时，在电梯出口等显著位置部署一定数量的取车查询终端（见图 5-14）；在取车查询终端机上输入车牌号码、终端机以电子地图方式指示车辆的停车位置。

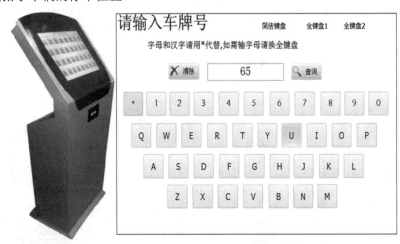

图 5-14　取车查询终端

还可以在停车场每个车位部署摄像机并在电梯出口等显著位置部署一定数量的取车查询终端。车辆停入车位后，摄像机抓拍图片，并将图片递交给后端服务器识别车牌，确定车辆停车位置。车主取车时，在取车查询终端输入车牌号码，终端机以电子地图方式指示车辆的停车位置。

（2）刷卡定位模式：查询结果更加精确，但车主必须停入系统分配的车位。在停车场内部署一定数量的停车刷卡点并且在电梯出口等显著位置部署一定数量的取车查询终端；车主泊车结束后，在就近位置的停车刷卡点刷卡，停车刷卡点自动向卡内写入位置信息；车主取车时，在取车查询终端刷卡，刷卡定位模式根据系统存储的信息，查询终端及时调用数据，终端机以电子地图方式指示车辆的停车位置，快速找出停车位置且车位灯会不断闪烁，方便车主找到自己的车辆。

当车位检测器检测到车辆驶出时，系统更新车位占用状态，并立即同步电子地图或更新大型 LED 停车场模拟显示屏；出口处车主将付费后的停车卡投入票箱，票箱自动识别确认后开启道闸放行，并在音箱中播出"欢迎再次光顾！祝您一路顺风！"，车主顺利出场。

5.3.4　停车引导系统功能与特点

停车引导系统的功能与特点如下：
（1）可独立于停车场出入口收费系统单独运行，与出入口收费系统不存在集成界面。
（2）电子地图实时显示车位占用状态、每个区域的余位信息。
（3）每个场内引导单元可管理不同的车位数量，车位性质可以设定，可设定某些车位作为预留车位，在没有车辆停泊的情况下不作为空位发布。

（4）场内引导单元红绿双色显示，无空位或区域管制时，可显示红色×××。

（5）场内引导单元采用串口总线与车位检测器连接，车位检测器检测基准距离可通过拨码调节，方便对不同层高或不同车型的准确检测。

图 5-15 所示为停车引导系统监控停车位示例。

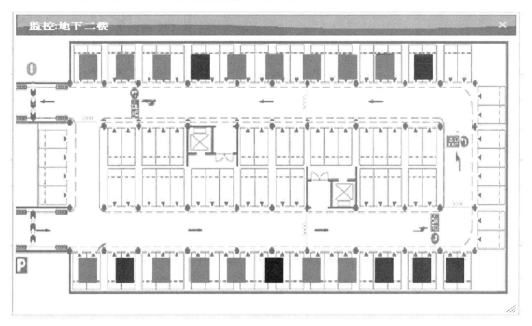

图 5-15 停车引导系统监控停车位示例

5.3.5 智能停车场的自助收费与开放式停车

一般停车场通常只在出口处设置收费岗亭，当遇到高峰时间出场时，车辆大量集中出场，出口人工收费缓慢，车辆需长时间排队缴费，造成通道的严重拥堵，通道通行效率低下，浪费车主的宝贵时间。

自助收费终端位于停车内部的多个位置，车主准备离场时，在自助收费终端刷卡/条码，缴纳停车费后，在出口处只需将卡片塞回出口机内或扫描条码，系统核实后道闸自动开启，通行效率高，提升车场吞吐量和车位利用率，车主省去排队缴费的时间，方便快捷。

开放式停车应用于非封闭性停车场所。

车辆驶入车位后，车位锁会自动升起，锁闭车位。车主在自助缴费机上输入车位号，完成缴费后，车位锁降下，车辆驶离车位。实现完全无人值守，既保障了对每个车位的实时监管，防止逃费；又杜绝了人工收费的私账、假账、人情账的发生。

5.4 沙盘中的智能停车场管理系统

沙盘中的智能停车场管理系统（见图 5-16）实现了停车场的管理功能以及智能小车入库、出库的功能。其中，智能停车场的管理功能实现

智能停车场

了停车位空闲数量计数、智能小车识别、分配车位等操作。智能小车入库、出库功能则实现智能小车自动寻找合理路径找到分配给自己的停车位并入库，在得到管理系统给出的出库命令后出库。

图 5-16　沙盘中的智能停车场管理系统

　　由于沙盘中的智能小车是无人驾驶，所以整个过程中，物联网网关起到了至关重要的作用。在整个智能停车场管理系统中，以 ZigBee 网络作为系统的信息传输网络，当智能小车行驶至停车场入口处时，智能小车底部的 RFID 感应到停车场地面下铺设的 RFID卡片，就会停下来。然后，UHF RFID 高频读卡器读出智能小车上顶部的存储卡信息，该存储卡信息由相关程序提前将智能小车的信息写入，如果不能识别，当读卡次数超过10 次时，放弃读卡，并重启系统。如果识别出智能小车顶部存储卡中的车牌信息，即成功读取到车辆 ID、车辆类型、卡内余额、进入时间等信息，则将这些信息发送给物联网网关，网关检查停车场中的车位信息，给智能小车分配一个车位，记录智能小车进入时间，然后通过 ZigBee 网络发送命令给舵机，舵机启动开启舵机程序等待智能小车通过，当红外线检测到智能小车通过之后，通知舵机启动关闭舵机程序。停车场出口模块的工作流程基本与入口处相同，不同的地方在于智能小车的停车时长等信息以及扣费金额过程。如果出现智能小车余额不足的情况，等待智能小车充值后再打开舵机。图 5-17所示为智能小车通过停车场入口的过程。

　　智能小车在进入停车场和驶出停车场的时候，入、出口显示屏均显示了系统要求显示的信息，同时在检测时，特别注意了舵机的关闭，当智能小车长时间停在舵机下方时，舵机不会关闭，仅在智能小车完全驶离舵机后关闭。

　　图 5-18 所示为停车场入口模块节点通过 ST-LINK 连接计算机下载代码的连接图。经过下载代码，由 STM32 单片机控制停车场入口部分的红外感应、显示屏、舵机等装置。图 5-19 所示为 ST-LINK 的操作界面。

　　图 5-20 所示为智能小车出库的过程，此时 LCD 显示屏已经显示了智能小车的停车信息，如图 5-21 所示。停车场出口部分 LCD 显示内容包括停车时长及收费金额等，同时舵机已经打开，智能小车驶出停车场。

图 5-17 沙盘中智能小车通过智能停车场系统入口

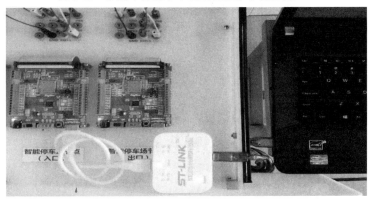

图 5-18 停车场入口模块代码下载 ST-LINK 连接图

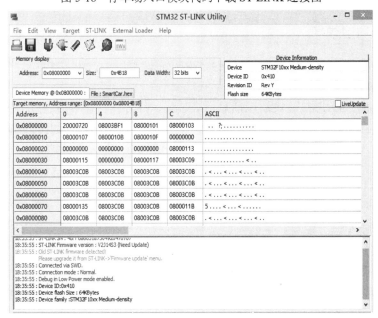

图 5-19 ST-LINK 的操作界面

图 5-20 智能小车通过停车场出口

图 5-21 停车场出口 LCD 信息屏显示小车信息

5.4.1 系统功能模块

沙盘中的智能停车场管理系统分为 3 个模块：停车场入口/出口模块、智能小车运行模块、停车场管理模块。

（1）停车场入口/出口模块：包括显示屏装置、红外感应器装置、UHF RFID 读卡器装置、舵机。停车场入口/出口部分的主要工作是当智能小车行驶至停车场入口/出口时，UHF RFID 读卡器装置可以识别智能小车的标签信息并在显示屏上显示，并发送相应的信息给物联网网关，等待物联网网关发来的命令。物联网网关需要根据智能停车场内的信息对智能小车进行停车位分配或根据停车时间进行扣费结算并通知停车场入口/出口模块打开舵机引导智能小车驶入/驶出停车场。

（2）智能小车运行模块：主要内容是智能小车按照分配给它的停车位寻找路径，当智能小车读取到停车位中间的标签时，停止在停车位置，隔一段时间后，在获得智能网关的命令后，智能小车可以自动驶出智能停车场。

（3）停车场管理模块：停车场管理模块主要是由物联网网关根据 ZigBee 网络传输的实时数据进行运算/存储/发送命令等操作。当智能小车行驶至停车场时，物联网网关接收到智能停车场入口模块发来的实时数据进行核实和存储，然后查询空车位并通过 ZigBee 网络发送给智能小车，同时给停车场入口模块发送打开舵机命令，显示屏显示信息命令。当智能小车停在指定的停车位时，物联网网关将按照相应的停车信息显示占用的车位数。当由人工操作点击出库命令时，物联网网关通过 ZigBee 网络向智能小车发送出库命令，当智能小车行驶至出口位置时，所有工作与入口部分基本相同，只是在交停车费用时将按照规定的时限计时收费，智能小车余额不足以支付本次停车费用时，等待智能小车余额充值后再次扣费。

5.4.2　信息传输协议

通过 ZigBee 网络传输的智能停车场的数据通信主要由智能小车综合信息、入库信息、计费信息、充值金额、剩余车位，以及闸杆状态几部分组成，如表 5-1 所示。值 0x11~0x16 分别代表不同的信息，其中，综合信息中的数据分别表示了智能小车的 ID、车辆类型、卡内余额及进入时间。入库信息记录智能小车的进入时间，时间为 24 小时制。计费信息则记录车辆的停车时长及扣费金额。闸杆的值表示闸杆是否启动，值为 1 则闸杆抬起，允许智能小车通行，值为 0 则闸杆落下，禁止智能小车通行。

表 5-1　智能停车场管理系统信息传输协议表

参 数 标 志	值	属　　性	数　　据	备　　注
综合信息	0x11	R	6 字节	第 1 个字节：车辆 ID； 第 2 个字节：车辆类型； 第 3 个字节：卡内余额； 第 4~6 个字节，进入时间
入库信息	0x12	W	4 字节	第 1 字节：进入时间，时； 第 2 字节：进入时间，分； 第 3 字节：进入时间，秒； 第 4 字节：车位编号
计费信息	0x13	W	4 字节	第 1 字节：出去时间，时； 第 2 字节：出去时间，分； 第 3 字节：出去时间，秒； 第 4 字节：扣费金额
充值金额	0x14	W	1 字节	
剩余车位	0x15	W	1 字节	
闸杆状态	0x16	R	1 字节	1：通行；0：禁止通行

5.4.3　入口、出口模块流程设计

图 5-22 所示为停车场入口流程图，当红外感应器检测到智能小车停止在停车场入口外时，UHF RFID 读卡器开始读取智能小车上的标签，标签上的数据包括智能小车的车辆 ID、车辆类型等，如果读取标签的次数超过 10 次，则判定系统故障。系统将重新启动，在 UHF RFID 读卡器读取到标签信息后，将信息上报给网关部分，由网关发送数据给 LCD 并由 LCD 显示智能小车相关信息，之后打开舵机，等待智能小车完全进入停车场后，关闭舵机，并重复以上操作。

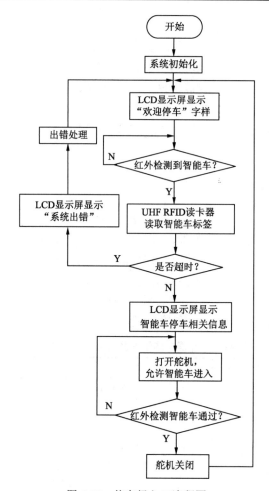

图 5-22　停车场入口流程图

　　图 5-23 所示为智能停车场出口流程图。智能小车驶出停车场时与其进入停车场时一样，需要检测到其停止在出口前，并读取到智能小车的标签信息，再经由网关将车辆 ID、车辆类型、车辆停车时长以及收费金额显示出来。然后，经由网关部分判断智能小车的余额是否足够支付本次停车费用，如果余额不足以支付本次停车费用，将等待智能小车余额充值之后再自动扣费，扣费之后打开舵机等待智能小车完全行驶出停车场后关闭舵机。

　　停车场出口部分大致与入口部分相同，不同点在于智能小车出库时，UHF RFID 读卡器读取小车标签后，网关部分会检测智能小车的余额是否足够支付本次停车费用，一旦余额不足以支付本次停车费用，则会由显示屏提示"余额不足，请充值"信息，等待智能小车余额充值之后再次扣费，并开启舵机允许智能小车驶出停车场。下面是停车扣费过程的相关代码。

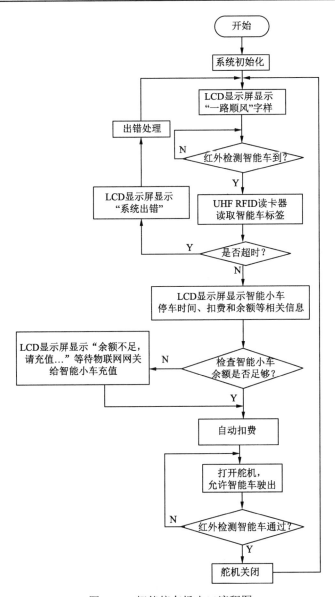

图 5-23　智能停车场出口流程图

```
...
if((Data_R.Balance-DEC) > 0)   //检查余额是否大于收费金额
{
    Data_W.Balance=Data_R.Balance - DEC;
    Data_W.EntTimHou=OutTimeHou;
    Data_W.EntTimMin=OutTimeMin;
    Data_W.EntTimSec=OutTimeSec;
    WriteTimes=10;
    ... //超时判断
    Servos_Open();
    ShowStr(TWO,15,130,"卡内余额: ");
    ShowData_int(TWO,15+24*5,130, Data_W.Balance);
    ShowData_int(TWO,15+24*5,160, toDEC);
```

```
    ShowStr(TWO,15+24*5,190,"车辆驶出");
    while(GPIO_ReadInputDataBit(GPIOB,GPIO_Pin_8)==0)
IR_Delay(200),Com1_Reporting_Car(0x12,(u8*)&LG_State[0],1);
IR_Delay(1000);
Servos_Close();
}
else
{
    ShowData_int(TWO,15+24*5,130, Data_R.Balance);
    ShowData_int(TWO,15+24*5,160, DEC);
    ShowStr(TWO,15+24*5,190,"余额不足，请充值...");
    #ifdef RELEASE
    while(ChargeFlag==Uncharged)IR_Delay(10);
    ChargeFlag=Uncharged;
    #endif
    ShowStr(TWO,15+24*5,190,"充值成功");
    ShowData_int(TWO,15+24*5,130, Data_W.Balance);
    Data_W.Balance=Data_W.Balance - DEC;
    Data_W.CarID=Data_R.CarID;
    Data_W.CarType=Data_R.CarType;
    Data_W.EntTimHou=Data_R.EntTimHou;
    Data_W.EntTimMin=Data_R.EntTimMin;
    Data_W.EntTimSec=Data_R.EntTimSec;
    ...//超时判断
}
```

5.4.4　其他模块设计与实现

智能小车行驶至停车场入口处时，UHF RFID 读卡器可以读取到智能小车标签并且显示屏显示停车场信息及智能小车信息，开启舵机允许智能小车驶入停车场。图 5-24 所示为智能停车场入口部分，图中由显示屏、UHF RFID 读卡器、红外感应器以及舵机组成。图 5-25 所示为停车场入口处 LCD 显示信息，剩余车位：5；状态：欢迎停车以及收费标准。

图 5-24　智能停车场入口

图 5-25　停车场入口的 LCD 显示信息

1. UHF RFID 读卡器

UHF RFID 即超高频电子标签，智能停车场入口处的超高频 RFID 读卡器的作用是读取智能小车上标签的保留区、EPC 存储区、TID 存储区或用户存储区中的数据。电子标签分为有源电子标签和无源电子标签。UHF 电子标签属于无源电子标签，当标签处于阅读器的读出范围之外时，表现为无源状态；当标签处于阅读器的读出范围之内时，电子标签从阅读器发出的射频能量中提取其工作所需的电源。无源电子标签一般均采用反射调制方式完成电子标签信息向阅读器的传送。

相关程序如下：

```
ReadTimes=10;                   //超时判断，如果读卡次数超过十次，放弃读卡，系统重启
   do{
      ReadTagStatus=ReadTagMEM();
      ReadTimes --;
      VUM_Delay(100);
   }while((V_FALSE==ReadTagStatus)&&((ReadTimes)>1));//读取卡片内存信息
```

2. 显示屏模块

显示屏主要用于显示智能停车场内的相关信息，当没有智能小车驶入时，显示屏显示剩余车位数量、状态，以及收费时长的标准，当红外检测到有智能小车需要驶入停车时显示"状态：正在读卡..."，读卡成功显示"状态：读卡成功"，之后网关部分检查智能停车场内的车位信息并显示状态为"无车位，请稍候"或"正在检查车位"等，若读卡失败则相应的显示状态为"读卡失败"，当智能小车被识别并有空车位时显示"请进"和进入时间以及分配的车位编号。

相关程序如下：

```
void LCD_ShowETCInfo(void)
{
   ClearAll();
   LCD_Delay(50);
   ShowStr(ONE,85,0,"停车场入口");

   ShowStr(TWO,15,40,"剩余车位：          ");
   ShowStr(TWO,15,70,"状态:              ");

   ShowStr(THREE,15,140,"收费标准 :|时长　|金额　|");
   ShowStr(THREE,15,160,"         |0~1Min|2 元 |");
   ShowStr(THREE,15,180,"         |1~2Min|3 元 |");
   ShowStr(THREE,15,200,"         |2~5Min|5 元 |");
```

```
    ShowStr(THREE,15,220,"            |5Min+  |10 元  |");
}
```

3. 红外感应器

停车场入口处的红外感应器用于检测是否有智能小车要驶入停车场，以及智能小车是否已经驶离停车场入口处。智能停车场的入口处第一个红外感应器在感应到智能小车时会检查两次，其作用是消抖，即防止意外触发。入口处的第二个红外感应器则检查智能小车是否已经驶入停车场内，防止闸杆落下时智能小车还在停车场入口处的闸杆下。

4. 舵机控制模块

当智能小车驶出时，UHF RFID 读卡器读取智能小车上的标签，并由 LCD 显示智能小车的停车信息及收费金额，在智能小车余额不足的情况下，等待智能小车余额充值完成后，进行扣费并开启舵机等待智能小车驶出停车场后关闭舵机。图 5-26 所示为智能停车场入口和出口电路板控制节点图。

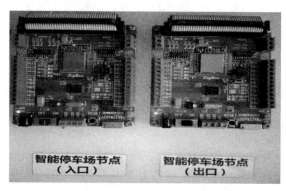

图 5-26　智能停车场入口及出口控制节点

舵机控制模块的控制电路板接收来自信号线的控制信号，控制电动机转动，电动机带动一系列齿轮组，减速后传动至输出舵盘。舵机的输出轴和位置反馈电位计是相连的，舵盘转动的同时，带动位置反馈电位计，电位计将输出一个电压信号到控制电路板，进行反馈，然后控制电路板根据所在位置决定电动机转动的方向和速度，从而达到目标停止。其工作流程为：控制信号→控制电路板→电动机转动→齿轮组减速→舵盘转动→位置反馈电位计→控制电路板反馈流，才可发挥舵机应有的性能。

智能停车场管理系统中，舵机的作用是控制停车场入口和出口处闸杆的抬起和下落。舵机的控制信号由 PWM 脉宽调制信号控制，脉宽为 0.5~2.5 ms，相对应的舵盘转动角度为 0°~180°，呈线性变化。舵机内部有一个基准电路，产生周期 20 ms、宽度 1.5 ms 的基准信号；有一个比较器，将外加信号与基准信号相比较，判断出方向和大小，从而产生电动机的转动信号。舵机是一种位置伺服的驱动器，转动范围不能超过 180°，适用于那些需要角度不断变化并可以保持的应用当中。

舵机具有以下一些特点：

（1）体积紧凑，便于安装。

（2）输出力矩大，稳定性好。

（3）控制简单，便于和数字系统对接。

舵机的控制信号是一个脉宽调制信号，很方便和数字系统进行连接。只要能产生标准的控制信号的数字设备都可以用来控制舵机，如 PLC、单片机等。因为脉冲信号的输出可以用定时器的溢出中断函数来处理，时间很短，因此在精度要求不高的场合可以忽略。另外，舵机的转动需要时间，因此，程序中需要设置一定的延迟时间等待舵机转动结束。在舵机的 PWM 方波产生函数中，给定 Servos_Now_PWM=1900，将产生周期 20 ms、宽度 1.5 ms 的 PWM 方波，从而控制舵机抬起的角度为 0°~180°。

舵机 PWM 方波产生函数：

```
void Servos_PWM_Config(void)
{
    TIM_TimeBaseInitTypeDef  TIM_TimeBaseStructure;
    TIM_OCInitTypeDef    TIM_OCInitStructure;
    TIM_TimeBaseStructure.TIM_Period=20000;
    TIM_TimeBaseStructure.TIM_Prescaler=72;
    TIM_TimeBaseStructure.TIM_ClockDivision=TIM_CKD_DIV1;
    TIM_TimeBaseStructure.TIM_CounterMode=TIM_CounterMode_Up;
    TIM_TimeBaseInit(TIM4, &TIM_TimeBaseStructure);
    TIM_OCInitStructure.TIM_OCMode=TIM_OCMode_PWM1;
    TIM_OCInitStructure.TIM_OutputState=TIM_OutputState_Enable;
    TIM_OCInitStructure.TIM_Pulse=1900;
    TIM_OCInitStructure.TIM_OCPolarity=TIM_OCPolarity_High;
    TIM_OC2Init(TIM4, &TIM_OCInitStructure);
    TIM_OC2PreloadConfig(TIM4, TIM_OCPreload_Enable);
    TIM_ARRPreloadConfig(TIM4, ENABLE);
    TIM_Cmd(TIM4, ENABLE);
};
```

舵机打开程序：

```
void Servos_Open(void)
{
    for(;Servos_Now_PWM>=1050;Servos_Now_PWM=Servos_Now_PWM-10)
    {   TIM_SetCompare2(TIM4, Servos_Now_PWM);
        Delay_ms(10);
    }
}
```

舵机关闭程序：

```
void Servos_Close(void)
{   for(;Servos_Now_PWM<=1950;Servos_Now_PWM=Servos_Now_PWM+10)
    {   TIM_SetCompare2(TIM4, Servos_Now_PWM);
        Delay_ms(10);
    }
}
```

5. 智能小车驶入停车场过程

智能小车通过读取磁导航上粘贴的 RFID 标签（见图 5-27）获取当前位置信息。当智能小车根据磁导航自动行驶至停车场入口处时，读取停车场入口处的 RFID 标签信息后智能小车停止等待舵机打开。

图 5-27　智能停车场管理系统磁导航及地面 RFID 标签

　　当智能小车获取物联网网关发来的停车位标签信息时，根据标签位置规划路径，然后在进入停车场后，判断地面标签是否为所分配的停车位的 RFID 标签。如果是，则停止；如果不是，则根据路径规划进行左转或右转或直行，然后继续检测 RFID 标签信息，直到检测到停车位正下方的标签信息后，智能小车停止前行并发出蜂鸣声表示入库完成。图 5-28 所示为沙盘中智能停车场 RFID 标签顺序图，最右侧从下向上依次为 c21~c61，中间一列为 c22~c62，最左侧一列为 c23~c63，智能小车在寻找车位时会对地面的标签序号进行判断，直至找到相应的停车位。

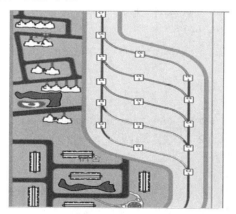

图 5-28　沙盘中智能停车场 RFID 标签顺序图

相关程序如下：

```
u8 RfidAssistPark(void)
{
    u8 i=0;
    if((BlockBuf[0]=='E')&&(BlockBuf[1]=='T'))
    {   //检测到即将进入停车场的标志
        Stop();
        DingSound(200);  //蜂鸣器
        CommandMoveStatus=NORMAL_STOP;
        eturn 0;
    }
    if((BlockBuf[0]=='C')&&(ParkingNum<=5))  //判断停车位前第一个标签信息
```

```
        {
            if(BlockBuf[2]==1)
            {
                if(BlockBuf[1]==ParkIDTable[ParkingNum-1][1])//检测到分配
                                                              //的停车位
                {
                    Rfidsigned=1;        //左转标志
                    DingSound(200);
                    DelayMs(600);
                    ReviseTimeOut=RightMakeUp;
                    return 1;            //左转
                }
                else
                {
                    Rfidsigned=0;
                    ReviseTimeOut=LineMakeUp;
                    return 2;            //未索引到自己的停车位，继续前行
                }
            }
            
            else if(BlockBuf[2]==2)  //寻到入库标志
            {
                if((BlockBuf[1]!='1')&&(BlockBuf[1]!='A'))
                {
                    Stop();
                    Parksigend=1;
                    CommandMoveStatus=NORMAL_STOP;
                    GarageSuccessFlag=GARAGE_IN_SUCCESS;
                    DingSound(200);
                }
            }
        }
    return 0;
}
```

第6章

智能ETC系统

6.1　ETC 系统介绍

ETC（Electronic Toll Collection，电子不停车收费系统）是指车辆在通过收费站时，通过车载设备实现车辆识别、信息写入（入口）并自动从预先绑定的 IC 卡或银行账户上扣除相应资金（出口），是国际上正在努力开发并推广普及的一种用于道路、大桥、隧道和车场管理的电子收费系统。

ETC 系统是利用微波技术、电子技术、计算机技术、通信和网络技术、信息技术、传感技术等高新技术的设备和软件（包括管理）所组成的先进系统，以实现车辆无须停车就可以自动收取道路通行费用。

与传统的人工收费系统不同，ETC 技术是以 IC 卡作为数据载体，通过无线数据交换方式实现收费计算机与 IC 卡的远程数据存取功能。计算机可以读取 IC 卡中存放的有关车辆的固有信息（如车辆类别、车主、车牌号等）、道路运行信息、征费状态信息。按照既定的收费标准，通过计算，从 IC 卡中扣除本次道路使用通行费。当然，ETC 也需要对车辆进行自动检测和自动车辆分类。ETC 通行示意图如图 6-1 所示。

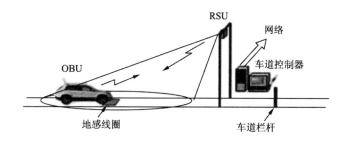

图 6-1　ETC 通行示意图

6.2　ETC 系统的构成

ETC 系统由工业控制计算机（工控机）、车道控制器、电子标签读写天线、车辆检测器（抓拍线圈及落杆线圈）、抓拍摄像机、费额显示器、通行信号灯/声光报警器、自动栏杆、后台数据库系统、RSU、OBU 等组成。ETC 车道与传统的 MTC 车道建设相似，主要由 ETC 天线、车道控制器、费额显示器、自动栏杆机、车辆检测器等组成。图 6-2 所示为 ETC 电子收费车道相关设备。

ETC 不停车电子收费系统所依赖的关键技术有自动车辆识别（Automatic Vehicle Idenification，AVI）技术、自动车型分类（Automatic Vehicle Classification，AVC）技术、短程通信（Dedicated Short Range Communication，DSRC）技术、逃费抓拍系统（Video Enforcement System，VES）技术以及红外技术。

其主要原理是当车辆通过 ETC 车道时，路边车道设备控制系统的信号发射与接收装置（称为路边读写设备，简称 RSU），识别车辆上设备（称为车载器，简称 OBU）内的特有编码，判别车型，计算通行费，并自动从车辆用户的专用账户中扣除通行费，如图 6-3 和图 6-4 所示。

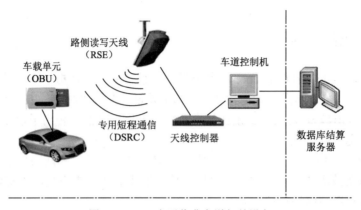

图 6-2　ETC 电子收费车道相关设备

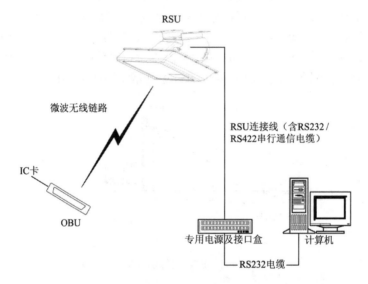

图 6-3　RSU 和 OBU 组成车辆识别和自动扣费系统

图 6-4　实体车辆上的 OBU 设备

6.3　ETC 的工作流程

　　下面举例说明 ETC 的工作流程：假定 A 车完全符合 ETC 车道的条件，车道收费系统启动。

　　（1）入口：A 车进入 ETC 车道，车辆压到触发线圈或者抓拍线圈时，就会触发打开微波天线，天线唤醒 A 车内休眠的 OBU 并与其通信。车道收费系统通过天线和 OBU 把入口信息写入相应的 IC 卡内。写入成功，自动抬杆。A 车前行驶离落杆线圈后闸杆自动关闭。

　　（2）出口：A 车进入 ETC 车道，车辆压到触发线圈或者抓拍线圈时，就会触发打开微波天线，天线唤醒 A 车内休眠的 OBU 并与其通信。车道收费系统通过天线和 OBU 读取相关卡内的入口信息，车道系统软件计算通行费，扣除本次通行费用。成功后自动抬杆。A 车前行驶离落杆线圈后闸杆自动关闭。

　　ETC 入口流程和出口流程如图 6-5 和图 6-6 所示。

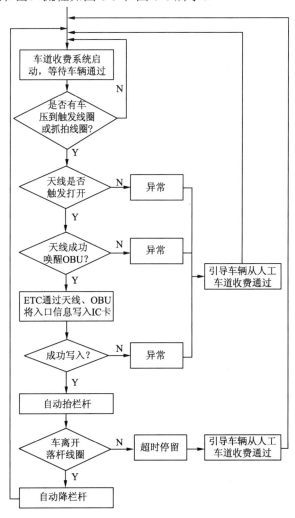

图 6-5　ETC 入口流程

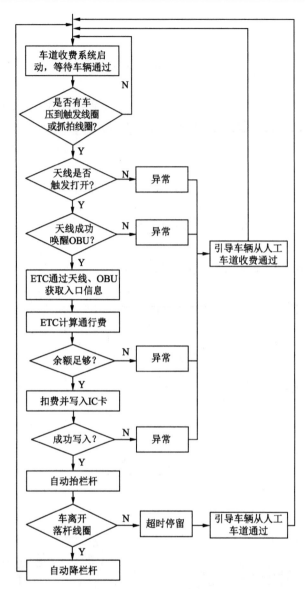

图 6-6　ETC 出口流程

6.4　沙盘中的 ETC 系统

沙盘中的 ETC 系统入口如图 6-7 所示。主要由电动闸机、RFID 读写天线、感应传感器、监控摄像机、ETC 信息显示屏组成。物联网网关、智能小车以及 ETC 入口控制板、ETC 出口控制板通过 ZigBee 网络保持通信。

沙盘中智能小车通过磁导航模块自动在沙盘上运行，当智能小车按照规定的路线进入 ETC 入口时，高频读写器会读出智能小车相关信息并将数据传输到显示屏上进行显示。车牌识别系统拍照并进行车牌识别（需要选配车牌识别系统），所有信息存入数据库，然后舵机打开车辆放行。当车辆进入 ETC 出口收费站时，ETC 卡信息被读取，系统从数据库调出车辆进入高速公路的信息，自动计费扣费，扣费成功后自动放行。物联网网关则通过 ZigBee 协调器获得智能小车的位置信息，然后通知 ETC 入口、出口舵机进行打开，并通知智能小车通过，待智能小车通过后，物联网网关通知舵机关闭。整个过程都由物联网网关进行总体控制。当智能小车读到 ETC 前面的 RFID 标签时会通过 ZigBee 网络向物联网网关汇报当前位置。物联网网关会监控智能小车运行情况，加载沙盘地图和虚拟车辆，通过智能小车的位置信息触发 ETC 的各项功能。

图 6-7　沙盘中的 ETC 入口

由于沙盘中的智能小车是无人驾驶的，当通过 ETC 模拟平台时，需要通过 ZigBee 网络与物联网网关进行通信，汇报智能小车当前的位置。物联网网关在相应的软件主界面上加载沙盘的道路交通地图，并同步智能小车在道路中运行的影像。当智能小车运行到 ETC 收费站时，物联网网关会进行扣费操作，扣除当前车辆 ETC 通行费用，并将余额以及时间、车辆信息等存储到车辆通行检测表和车辆通行收费表，在显示屏上显示出来。

整个系统的关键部分就是智能小车 RFID 标签信息采集、ZigBee 网络传输、物联网网关（PC 上位机）对智能小车定位并发送信息给 ETC 入口、出口节点模块，如图 6-8 所示。

下面将重点讲述智能小车 RFID 读写器对沙盘 RFID 标签信息进行采集，并通过 ZigBee 网络上报给物联网网关。物联网网关利用 RFID 标签信息进行智能小车定位。

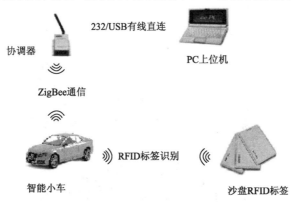

图 6-8　ETC 系统的数据采集与网络传输

6.4.1　沙盘 RFID 标签信息采集

智能小车底盘下的 RFID 读卡器读取沙盘道路下方的 RFID 标签，并作为 ZigBee 网络的终端节点通过与协调器（ZigBee 网络的中心节点）组建的 ZigBee 网络进行通信发送标签信息。沙盘 RFID 标签信息分布如图 6-9 所示。

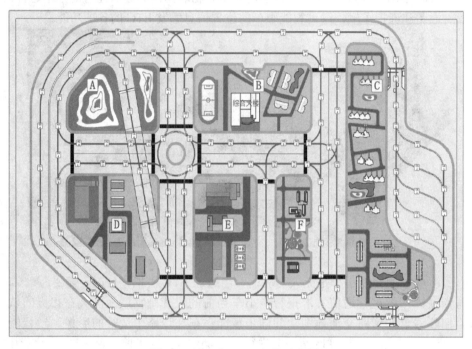

图 6-9　沙盘上 RFID 标签示意图

沙盘上的标签按照区域划分为 A、B、C、D、E、F 六大区域，但标签系列中还含有 G、ET、R、L、Q 五种类型。其中，G 为高速路区域，ET 为停止标签、R 为交叉路口标签、L 为最外围标签、Q 为桥梁上的标签。

标签按照一定间隔进行系列编号，如沙盘外围上部分为 L11、L12、L13 等，沙盘外围下部分为 L21、L22、L23 等。因此，RFID 标签信息是一个组合信息，该组合信息代表一个具体位置。智能交通沙盘 RFID 标签实物如图 6-10 所示，属于无源 RFID 标签，粘贴在沙盘道路下方，作为沙盘特殊位置的标识。

图 6-10　智能交通沙盘 RFID 标签实物

智能小车通过图 6-11 所示 RFID 读卡器读取沙盘道路下方的 RFID 标签编号。

图 6-11 智能小车 RFID 读卡器

智能小车读取沙盘 RFID 标签数据读取函数如下：

```c
s8 ReadCard(u8 *CardNum,u8 sector,u8 piece,u8 *pDataBuff)
{
    s8 stat;
    u8 i,buf[16];
    unsigned char R_DefaultKey[6]={0xFF, 0xFF, 0xFF, 0xFF, 0xFF, 0xFF};
    stat = PcdAuthState(KEYA, (sector*4+piece), R_DefaultKey, CardNum);
    //检验 0 扇区密码
    if(stat==MI_OK)                          //密码验证成功
    {
        stat=PcdRead((sector*4+piece),buf);  //读取 sector 扇区 piece 块数据
        if(stat==MI_OK)
        {
            for(i=0;i<16;i++)                //读卡成功
            {
                *pDataBuff++=buf[i] ;
            }
        }
        else
        {
            stat==MI_ERR;
        }
    }//验证密码
    else
    {
        stat == MI_ERR;
    }
    return stat;
}
```

6.4.2 ZigBee 通信

智能小车和物联网网关的通信是通过智能小车的 ZigBee 通信模块和物联网网关连接的 ZigBee 协调器组成的。

当车辆读取到 RFID 标签信息后首先通过上报函数生成数据帧，然后调用数据发送函数将 RFID 标签信息通过 ZigBee 网络上报给物联网网关。

物联网网关通过串口连接 ZigBee 协调器，需要设置 ZigBee 协调器参数，编写串口控制窗口，设置串口参数，使用协调器从 ZigBee 网络中接收数据。

1. 智能小车 ZigBee 模块和物联网网关协调器的设置

智能小车 ZigBee 模块和协调器的参数设置使用 Shuncom_ZigBee_Config.exe 软件完成。Shuncom_ZigBee_Config.exe 软件的界面如图 6-12 所示。

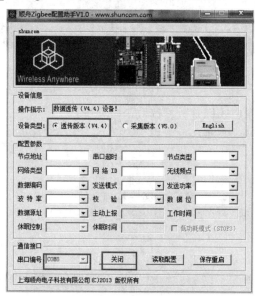

图 6-12　顺舟 ZigBee 配置助手

使用 ZigBee 配置助手设置智能小车 ZigBee 模块和协调器的节点地址、节点类型、网络 ID 等。ZigBee 网络参数的设置用于完成 ZigBee 设备的组网。

2. 智能小车 RFID 标签信息的上传

智能小车 ZigBee 数据帧格式如下：

```
TXD_BUF_P_REAR->uart0=UART_START0;           //数据帧头
TXD_BUF_P_REAR->uart1=UART_START1;           //数据帧头
TXD_BUF_P_REAR->target_id=HOST_ID;           //主机 ID
TXD_BUF_P_REAR->my_id=NODE_ID;               //节点 ID
TXD_BUF_P_REAR->command=COMMAND_REPORT;      //返回发送命令
TXD_BUF_P_REAR->length=DataLength+1;         //帧长度
TXD_BUF_P_REAR->error_flag=0;                //错误标志
TXD_BUF_P_REAR->state=0;                      //发送完成标志
TXD_BUF_P_REAR->data[0]=Parameter;
```

智能小车串口发送函数：

串口上报函数设置了串口数据帧参数，然后调用数据发送函数完成实际的串口数据发送工作。具体代码实现如下：

```
void Com1_SendingData(void)
{
```

```
while(!TXD_BUF_P_FRONT->state)
{
    Com1_Txd();          //开始发送数据
}
if(TXD_BUF_P_FRONT->state)
{
    Com1_DMA_ON(TxdBufferLength);
    TXD_BUF_P_FRONT->state=0;
}
TXD_BUF_P_REAR=TXD_BUF_P_REAR->next; //发送缓冲队列队尾后移，释放队尾
}
```

3．串口设置

物联网网关与 ZigBee 协调器的串口设置可以使用串口调试助手，也可以编写相应的串口程序。本书中介绍利用 QT 软件实现串口的接收和发送，串口通过控制窗口类 etcPortWidget 实现，串口控制窗口类如图 6-13 所示。

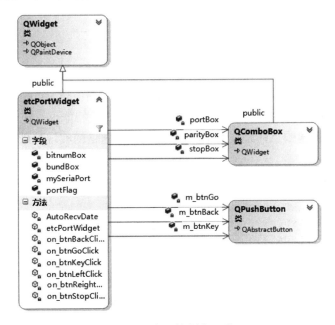

图 6-13　串口控制窗口类

串口的串口号、波特率、数据位、校验位、停止位等参数使用 QComboBox 组合框类对象来设置，如波特率 bundBox 的设置如下：

```
bundBox=new QComboBox;
bundBox->addItem("9600");
bundBox->addItem("38400");
bundBox->addItem("115200");
```

通过调用 addItem()函数来设置 bundBox 波特率的可能参数值，这里 bundBox 添加了 9600、38400、115200 三种可能的串口波特率参数设置，点击组合框选取串口的波特率参数，完成串口的波特率设置。

4．串口数据读取和发送

串口数据的读取利用了 QSerialPort::readyRead 串口准备读取信号，在系统的 ZigBee 无线通信网络中智能小车作为终端节点，协调器作为中心节点，智能小车采集到 RFID 标签数据后会将数据上报到中心节点（即协调器），协调器收到数据上报后触发串口的 readyRead 准备读取信号，连接此信号和串口自动接收数据槽函数 AutoRecvDate()。

读取数据：

```
QByteArray buf; //创建数据存储容器
buf=mySeriaPort.readAll(); //从串口中读取数据到 buf
```

发送数据：

```
QString str="0x03";
QByteArray str2=QByteArray::fromHex(str.toLatin1().data());
mySeriaPort.write(str2);
```

在串口数据发送函数中首先构造了串口要发送的数据 str="0x03"，然后通过 fromHex()函数将字符串数据 str 转换成十六进制赋值给 str2，最后调用串口数据发送函数 mySeriaPort.write()将 str2 写入串口完成串口数据的发送。

6.4.3　智能小车定位

智能小车读取到 RFID 标签信息并通过 ZigBee 网络通信将 RFID 标签信息上报给物联网网关，物联网网关解析 RFID 标签后根据标签号定位智能小车在沙盘上的位置。在上述的沙盘 RFID 标签信息的采集和 ZigBee 无线网络通信的实现基础上，车辆定位功能的实现举例如下：

1．接收到 RFID 标签数据帧

```
"\xFF\xFE\x01{\x04\x00\x03\x14L1\x01\x12"
"\xFF\xFE\x01{\x04\x00\x03\x14L1\x02\x13"
"\xFF\xFE\x01{\x04\x00\x03\x14L1\x03\x14"
"\xFF\xFE\x01{\x04\x00\x03\x14ET\x03""0"
```

如上所示，一个完整的 RFID 标签数据帧以"\xFF\xFE"开头的 12 个字节长度的字符串，如上数据帧第 9、10、11 字节的数据解析出来为 L1\x01、L1\x02、L1\x03、ET\x03，其中 L1 表示此标签在沙盘 L1 编号的道路上 ET 标志，此标签处是 ETC 收费站；x01 和 x02 等数字表明此标签在相同系列标签中的编号；L1\x01 表示此标签是 L1 系列标签的第 01 号标签；ET\x03 表示此标签是 ET 系列标签中的 03 号标签。

2．数据帧的检测和拼接

对接收到的数据帧进行检验和拼接，相关代码实现如下：

```
buf=mySeriaPort.readAll();                      //读取数据帧
if (!buf.isEmpty())                             //读取是否成功
{
    if (buf.size()!=12)                         //数据帧是否完整
    {
        if (lastbuf->size()+buf.size()==12)     //数据帧的拼接
        {
            tmpbuf=*lastbuf+buf;
```

```
            buf=tmpbuf;
        }
        *lastbuf=buf;
    }
}
```

3．标签信息参数类

为了通过信号将 RFID 标签信息发送到车辆定位槽函数中，设计了标签信息参数类 pocket，打包 RFID 标签信息，作为定位信号的参数。

```
class pocket
{
    public:
    char roadnam;
    char roadid;
    char roidpos;
    …
}
```

在 pocket 类中 roadnam 表示标签中道路的名字，roadid 表示标签在同系列道路中的编号，roidpos 表示标签的位置编号，一个完整的解析如 L1\x02 可以解析为 roadnam=L，roadid=1，roidpos=2。

4．RFID 标签数据的分析和定位信号的发送

根据标签数据帧的格式，经过分析确定需要的标签信息在接收数据帧的第 9、10、11 位。读取数据到字节数组 buf 中，然后通过位运算得到具体的标签数据，关键的位运算解析代码如下：

```
card=buf[11]&0x000000FF;        //取 buf 数组第 11 字节数据的最低两个字节
pok.roadnam=buf[9];             //取 buf 数组第 9 字节数据
pok.roadid=buf[10]&0x000000FF;  //取 buf 数组第 10 字节数据的最低两个字节
pok.roidpos=card;
emit PositionSignal(pok);
```

以"\xFF\xFE\x01{\x04\x00\x03\x14L1\x02\x13"数据帧的解析为例，首先构造标签信息参数 pok，解析 RFID 标签后 pok 的 roadnam='L'，roadid=1，roidpos=2。然后，通过 PositionSignal()信号将标签信息发送给模拟平台的 PositonSlot 车辆定位槽函数。

5．智能小车定位显示

定位动画的添加：车辆定位槽函数 PositonSlot()根据接收到的标签信息参数判断智能小车在沙盘上的位置，然后在模拟平台的相对应位置显示车辆定位 GIF 动图，完成车辆定位显示。具体代码如下：

```
labPositionCar=new QLabel(this);
labPositionCar->resize(80, 80);
PositionGif=new QMovie(this);
PositionGif->setFileName("./Resources/img/gif5 新文件.gif");
labPositionCar->setMovie(PositionGif);
```

车辆的定位使用波动扩散的圆环 GIF 动图表示，首先建立了 QLabel 标签作为动画

的载体设定了动图的大小，然后建立了 QMovie 类添加 GIF 资源。

定位动画的播放：

```
int pos=pok.roidpos;
if (pok.roadnam=='L')
{
    if (pok.roadid=='1')
    {
        if (pos==1)
        {
            labPositionCar->move(1346, 41);
            PositionGif->start();
        }
        …
}}
```

在车辆定位槽函数中，判断标签的名字 roadnam，判断标签的系列编号 roadid 和标签的位置标号 roidpos 确定智能小车应该出现的位置，调用 move()函数将定位动画移动到相应的坐标，调用 start()函数播放车辆定位动画。

6.4.4　智能小车的远程控制

智能小车远程控制的实现是由物联网网关平台通过 ZigBee 协调器发送车辆控制控制命令，智能小车收到控制命令后解析命令执行相应的操作。

以控制车辆前进为例，具体步骤如下：

1．发送控制命令

```
QString str="0x01";
QByteArray str2=QByteArray::fromHex(str.toLatin1().data());
mySeriaPort.write(str2);
```

车辆前进的控制命令为"0x01",调用 fromHex 将"0x01"转换成十六进制，然后通过 write()函数将控制命令写入串口，车辆的左转、右转、后退、停止等命令的发送过程相同，左转的命令为"0x02"、后退的命令为"0x03"、右转的命令为"0x04"、停止的命令为"0x05"。

2．智能小车接收并解析控制命令

智能小车通过 ZigBee 串口中断函数接收并解析收到的命令,调用相应的车辆控制函数。智能小车 ZigBee 串口中断函数如下：

```
void USART1_IRQHandler(void)
{
    uint16_t z_data;                                    //数据缓存
    if(USART_GetITStatus(USART1,USART_IT_RXNE)!=RESET) //判断串口状态
    {
        z_data=USART_ReceiveData(USART1);               //接收串口数据
        if(z_data==0x01)              //判读数据内容，调用相应的操作函数
        {
            Advance();                                  //前进
        }
        if(z_data==0x02)
```

```
    {
        Left();                      //左转
    }
    …
    while(USART_GetFlagStatus(USART1,USART_FLAG_TXE)== RESET);
    }
}
```

3. 智能小车运动控制

智能小车的运动由智能小车的电动机驱动模块控制，设置不同的 GPIO 引脚状态控制车辆的前进、后退、转弯操作。相关代码如下：

```
void Advance(void)                  //前进
{
    GPIO_ResetBits(GPIOB,GPIO_Pin_12);
    GPIO_SetBits(GPIOB,GPIO_Pin_13);
    GPIO_ResetBits(GPIOB,GPIO_Pin_14);
    GPIO_SetBits(GPIOB,GPIO_Pin_15);
}
```

GPIO_Pin_12、GPIO_Pin_13、GPIO_Pin_14、GPIO_Pin_15 分别控制着智能小车的左前轮、右前轮、左后轮、右后轮，通过 GPIO_ResetBits() 和 GPIO_SetBits() 设置车轮的滚动方向，通过 4 个车轮滚动方向的控制实现车辆的前进、转向等操作。

6.4.5　智能小车配置

1. 智能小车 ZigBee 模块配置

连接智能小车、ST-LINK 调试器、PC，USB 转口线一端连接 PC，一端连接 ST-LINK 调试器的 USB-232 口，如图 6-14 所示。

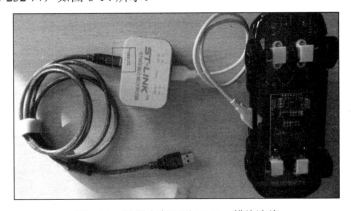

图 6-14　智能小车配置 ZigBee 模块连线

打开 Shuncom_ZigBee_Config.exe 软件配置智能小车 ZigBee 模块参数，如图 6-15 所示。

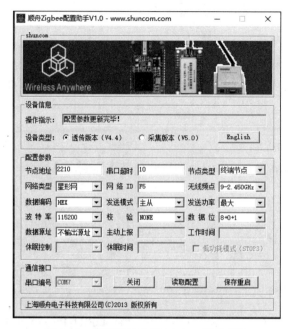

图 6-15　设置智能小车 ZigBee 模块参数

2．下载智能小车程序

将智能小车连线从 USB232 转换到 Debug 连接，使用 Keil 打开智能小车程序编译、运行生成 SmartCar.hex 二进制文件。如图 6-16 所示，打开 STM32 ST-LINK Utility 软件，将 hex 文件下载到智能小车。

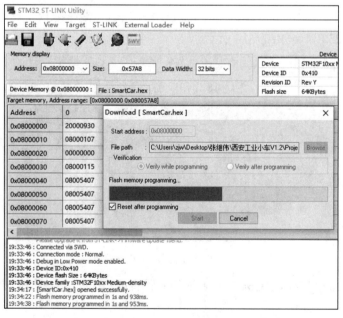

图 6-16　下载智能小车程序

6.4.6　物联网网关协调器配置及小车定位显示

1．连接协调器

连接协调器和 PC，插上协调器电源打开协调器，如图 6-17 所示。

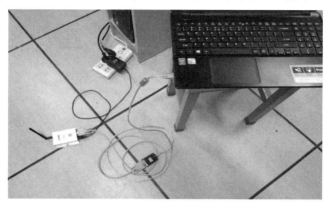

图 6-17　PC 连接协调器

2．配置协调器

打开 Shuncom_ZigBee_Config.exe 软件，设置协调器参数，如图 6-18 所示。

3．设置物联网网关串口参数

通过 QT 编写的串口设置窗口，如图 6-19 所示。设置串口号、波特率、数据位、校验位、停止位，然后点击打开串口。

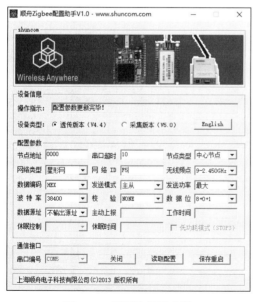

图 6-18　设置协调器参数

图 6-19　串口设置窗口

4．ETC 标签的解析

车辆接收到 ETC 标签信息后解析标签并做出反馈，如图 6-20 所示。

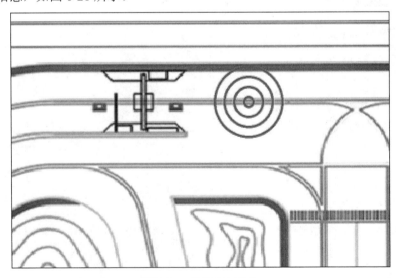

图 6-20　ETC 标签信息解析

在图 6-20 中，模拟平台接收到了 RFID 标签信息，证明 RFID 标签读取解析和 ZigBee 网络通信工作正常，在物联网网关的 RFID 解析函数中经过拼接解析出了正确的标签信息。

5．车辆定位

当智能小车到达沙盘的 L17 标签时，以波动圆环的形式在模拟平台的对应位置显示车辆定位信息，如图 6-21 所示。

图 6-21　智能小车定位

第7章

智能交通灯系统

7.1　各国特色红绿灯设计

在柏林街头，许多红绿灯上都是这对戴着帽子、形象丰满、神态可掬的小人，如图 7-1 所示。其实，这是以前德国留下来的符号。

作为世界童话大师安徒生的家乡，丹麦的欧登赛市随处可见安徒生的形象，就连街头的红绿灯也是安徒生的剪影，如图 7-2 所示。

图 7-1　柏林接头红绿灯　　　　　　　　　　图 7-2　"安徒生"剪影红绿灯

因为港口腓特烈西亚港口是世界出名的超级大港，守卫也特别森严的原因，在丹麦著名的世界级港口腓特烈西亚的交通灯都是一个拿枪站岗的士兵，平添了几分威严，如图 7-3 所示，类似的还有笑脸和莲花样式的红绿灯，如图 7-4 所示。

图 7-3　腓特烈西亚的交通灯　　　　　　　　图 7-4　各种样式的红绿灯

比利时的布鲁塞尔是一座海边的浪漫城市，情人节那天，就连街上的交通信号灯也变成心形，向所有人传递着浪漫温馨的节日气息，如图 7-5 所示。

图 7-6 所示为西班牙马德里街头的艺术交通灯，跃出的小人似乎代表着红灯时等待的驾驶员和行人，人在原地心却已经飞起。

图 7-5　比利时的布鲁塞尔红绿灯　　　　　图 7-6　西班牙马德里街头的艺术交通灯

美国的图解式交通灯，专为色盲和不明白交通规则的人设计，直观明了地表达很容易理解，如图 7-7 所示。遵守交通规则就是爱惜自己和他人的生命，纽约市街头拉法叶·休斯敦拐角的红灯就用一个手势替代 STOP 的标志，看来十分贴切而温暖，如图 7-8 所示。

有一棵特别的树——交通灯树，它由艺术家皮埃尔·威温特设计，共有 75 盏交通灯，已经成为伦敦金丝雀码头的标志性建筑之一，如图 7-9 所示。树上任意变换的灯光并不是因为当地交通混乱，而是为了反映人们内心的浮躁与不安。

图 7-7　图解式红绿灯　　　　　图 7-8　手势红绿灯　　　　　图 7-9　交通灯树

我国使用的最常见的交通灯为圆形和箭头型，如图 7-10 所示。箭头型红绿灯是为了分离各种不同方向交通流，显示指示左、直、右 3 个方向，服务于有专用转弯车道的交叉口。

图 7-10　普通的交通灯

7.2　创意红绿灯

沙漏红绿灯（见图 7-11）按照示意图，当绿灯亮时，LED 灯中的沙子会往下漏，在快漏完（倒数 3 秒）时会变成黄色，漏完时就会变成红色。然后，红色的 LED 灯中的沙子开始往下漏，经过同样的黄灯后变为绿色。

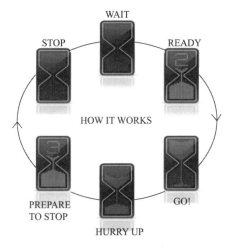

图 7-11　沙漏红绿灯

　　这种类型的红绿灯比现今一般的红绿灯有趣一点，但其实用性遭到质疑。有人认为"准备出发"和"准备停止"的两个黄色指示灯表示是一样的，在某些场合状况下，可能会使人产生误判。

　　不把 3 种灯都做成圆形的，而是把红灯做成三角形，黄灯保持圆形，绿灯则变成方形，如图 7-12 所示。不需要改变灯的颜色，形状的不同就可以使那些有颜色困难的人更快地理解。

　　车水马龙的都市，红绿灯在保持车辆有序行驶，提高行走效率方面，确实功不可没。注重环保和施工效率的设计师推出了一款概念设计，让红绿灯的设置、安放更加便捷。这款新型红绿灯的主要部件为一条变色 LED 灯带和一个太阳能板遮阳檐，如图 7-13 所示。它可以轻松搭扣、安放在路边的灯柱或者树木上，工作能源则来自于顶上的太阳能板，不论是安装还是使用，都十分便捷。

图 7-12　为色盲患者设计的红绿灯　　　　　　　图 7-13　"绑带"式红绿灯

　　激光束红绿灯由 HOJOON Lim 设计，为来来往往的行人与车辆提供多一层的安全防护。人行道的两端立着 4 根柱子，会随红绿灯亮起发射两条红色的激光束：绿灯时拦截马路，警示车辆；红灯时拦截人行道，警示行人，如图 7-14 所示。

图 7-14　激光束红绿灯

　　红绿灯诞生已经有 2 个多世纪的时间，而很长一段时间各国对于红绿灯的样式一直没有太大的改动。善于注重细节的日本人，发明了全新的概念红绿灯，如图 7-15 所示。

图 7-15　日本新概念红绿灯

　　这款全新的红绿交通灯系统是由日本一家实验室所提出的概念性创想，它采用了竖立在道路两旁的全息图像成像仪器，在道路上投射出一道具备交通信息颜色的动态图像幕墙。当红灯的时候，驾驶人会在道路上看到硕大的红色人影走动，好似真人动作一般，来往闪烁。而绿灯时则呈现绿色为主的动态图像。此外它还能够提供黄色警示信号。

　　这款概念性红绿灯系统，具备广阔的应用前景，它通过在道路上形成一道幕墙，使得传统的只能在道路对面指示的红绿灯，摇身一变成为了这样一款能够生成物理道路"障碍"的红绿灯。因为在变灯时，驾驶人会忽然发现道路上出现了一道红色的幕墙，下意识中驾驶人都会减速制动以避免撞到幕墙，从而实现让车辆减速停止的目的。

　　此外，两根成像仪器所使用的灯杆，还能够将道路监控系统融入其中，在指示红灯、绿灯的同时，还能监控车辆是否冲过幕墙，闯过红灯。另外，在这项科技红绿灯的基础上还可以进行更多的创新工作，比如利用动态图像在绿灯通行时或者红灯等待时播放一些有趣的小广告或者短视频之类的宣传材料，帮助驾驶人打发无聊的驾驶同时也能够开启广告设计的一条全新思路。

　　然而此项目要成为现实，还有很长的路要走。首先需要解决的就是这项技术在道路交通中接受性的问题，毕竟传统红绿灯已经深入人心，对于新技术不适应的驾驶人很有可能因为面前忽然出现一道红幕，而进行紧急制动，继而引发追尾事故。

　　其次需要解决的是仪器的养护问题，这样的全息图像成像仪器，注定造价不菲，维护费用也必定不低。同时一旦毁坏，则瞬间失去红绿灯指示作用。

　　圣马力诺共和国是没有红绿灯的国家，它是欧洲最古老的国家之一，该国风景秀丽，每逢旅行旺季，街市人头涌动，车流不息。圣马力诺只有 2 万多人口，却拥有各种汽车 5 万辆，且道路顺畅，极少有堵车现象。该国境内各种大小交叉路口看不到一个绿红灯信号。没有红绿灯，交通却井然有序，这其中的奥妙就在于圣马力诺的公路设计、交通管理十分科学。

　　该国的道路几乎全是单行线和环行线，开车人如果不进家门或停车场，一直开到底，就会不知不觉地又原路返回了。在没有信号的交叉路口，驾驶人均自觉遵守小路让大路、支线让主线的规则。各路口上都标有醒目的"停"字，凡经此汇入主干的汽车都必须停车观望等候，确实看清干线无车时才能驶入。在圣马力诺，人人都自觉遵守交通规则，这已形成习惯。

7.3　智能信号灯控制系统

城市交通信号控制系统由现场设备、数据传输终端和交通管理中心组成，现场设备包括车辆检测器、电子警察、信号控制机等。车辆检测通常采用的检测技术有环形线圈、微波、视频和超声波等。其中，微波检测（见图7-16）就是利用雷达技术，对路面发射微波，通过对回波信号进行高速实时的数字化处理分析，检测车流量、速度、车道占有率和车型等交通流基本信息。

图 7-16　微波检测

电子警察系统是由前端数码摄像机、车辆检测器、数据传输和数据处理部分组成，采用了先进的车辆检测、模式识别、图像处理、通信传输等技术，具有自动拍摄违章车、图像远程传输、车牌识别、统计、分析和违章处罚等一系列功能。图7-17所示为闯红灯违章抓拍系统的电子眼。

图 7-17　电子眼

信号控制机可以进行交通信息传输。而交通信息传输的主要方式包括Internet、数据通信网、GPS、专用短程通信系统、无线移动通信、广播接收机等。图7-18所示为通过移动通信网进行交通信息传输示意图。

在相关路段的适当位置设置各种车辆检测器，获得该监测断面的交通参数，这些参数被送到交通信号控制系统，经计算机分析处理后，自动选择合适的交通信号控制方案或者调整相关控制方案的信号控制参数，使交通流实现最小延误，提高路口的通行能力。

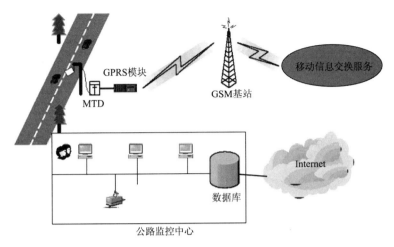

图 7-18 通过移动通信网进行交通信息传输

　　智能交通灯控制系统通常采用地磁感应车辆检测器完成对道路横截面车流量、道路交叉路口的车辆通过情况进行检测,如图 7-19 所示。以自组网的方式建立智能控制网络,通过系统平台数据与信号机自适应数据协同融合处理的方式,制定符合试点路网车辆通行最优化的信号机配时方案。通过布设在道路上的车辆检测器,实时采集道路车流量信息、道路拥堵信息、车队长度、车道占有率信息、单车道平均车速信息等,并将数据发送至系统中心平台,作为路网内交通信号控制系统配时方案参考依据。以"智能分布式"控制交通流网络平衡技术,对路口、区域交通流、道路交通流饱和度、总延误、车辆排队长度、通行速度,进行交通流的绿波控制和区域控制。也就是说,通过埋设在道路交叉口的车辆检测器(见图 7-20),判断车道使用状况,根据中心平台对于相应车道车流量的统计数据进行融合处理,自适应变更交叉口信号灯配时方案,实行绿波控制,最大限度保证道路交叉口的通行顺畅。

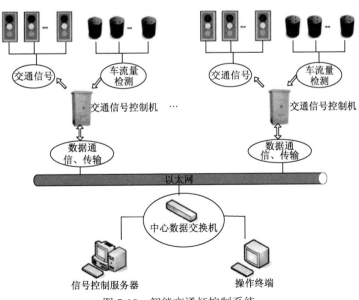

图 7-19 智能交通灯控制系统

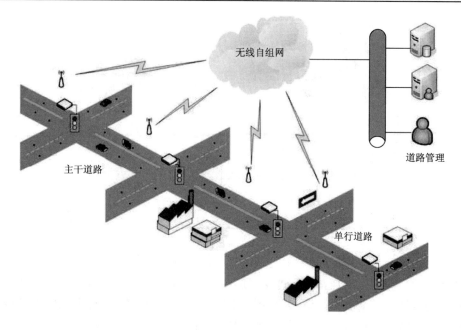

图 7-20　道路上的车辆检测器

7.4　交通信号控制理论

7.4.1　交通信号灯的设置依据

1．各式信号灯的次序安排

1）竖式（见图 7-21）

（1）国际规定，自上而下为红灯、黄灯、绿灯。

（2）带有箭头灯时，安排次序如下：

单排式：自上而下，一般为红、黄、绿、直行箭头、左转箭头、右转箭头灯，中间可省掉不必要的箭头灯。当同时装有直、左、右三个箭头灯时，可省掉普通绿灯。

双排式：一般在普通信号灯的里侧加装左转箭头灯，或左转和右转箭头灯，或左、直、右 3 个箭头灯。

2）横式（见图 7-22）

（1）国际规定，自外向里为红灯、黄灯、绿灯。

（2）带有箭头灯时，安排次序如下：

单排式：自外向里，一般为红、黄、左箭头、直箭头、右箭头灯；或红、黄、左箭头、绿灯；或红、黄、绿、右箭头灯。

双排式：自外向里，为左箭头灯、直箭头灯和右箭头灯，中间可省掉不必要的箭头灯。横排时，左、右箭头灯所处位置，原则上同左、右车道的位置一致。

图 7-21　竖式　　　　　　　　　　　图 7-22　横式

2．信号控制设置的利弊分析

信号控制设计合理的交叉口，其通行能力比无信号控制的交叉口大。当无信号控制的交叉口的交通量接近其通行能力时，车流的延误和停车会大大增加，尤其是次要道路上车辆的停车、延误更加严重。此时把这类交叉口改为信号控制的交叉口可以明显改善次要道路的通行能力，减少其停车与延误。

但如果交通量没有达到设置信号灯的程度，不合理地设置信号控制，其结果可能会适得其反。信号灯设置合理、正确就能发挥明显的效益；如果设置不当，不仅浪费了设备及安装费用，还会造成不良的后果。因此，研究制定合理设置交通信号灯的依据是十分重要的。在技术上，使设置信号灯有据可依，避免乱设信号灯现象；在经济上，可避免无谓的投资浪费；在交通上，可避免不必要的损失和交通事故。

3．信号控制设置的基本理论

停车标志交叉口改为信号交叉口时主要应考虑两个因素：无信号交叉口的通行能力和延误。

1）停车标志交叉口的通行能力

停车标志交叉口的通行能力为主路通行能力与次路通行能力之和，主路通行能力可认为和路段通行能力一样，次路通行能力可通过计算主路车流中可供次路车辆穿越的空挡数来求出次路可以通行的最大交通量。根据以上分析，次路可通过的最大交通量的公式如下：

$$Q'_{max} = \frac{Qe^{-q\tau}}{1 - e^{-qh}}$$

式中：Q'_{max}——次要道路可通过的最大交通量（辆/h）；

　　　　Q——主要道路交通量（辆/h）；

　　　　q—— $Q/3\,600$（辆/s）；

　　　　τ——次要道路穿过主路车流的临界空挡时距（s）；

　　　　h——次要道路车辆连续通行时的车头时距（s）。

一般，当交通量发展到接近停车或让路标志交叉口所能处理的能力时，才加设交通信号控制。主要考虑两个因素：停车标志交叉口的通行能力和延误。图 7-23 所示为车辆流量及平均延误图。

图 7-23 中 A、B 为停车标志交叉口的流量——延误关系曲线；C 为信号控制交叉口的流量——延误关系曲线。比较曲线 A/B、C 可以看出，当进入交叉口的交通总流量超过 800/1 200 辆时，信号控制交叉口的延误比停车标志交叉口小得多，此时，采用信号控

制就比停车标志控制更为合理。

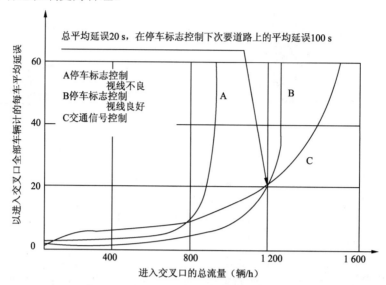

图 7-23　车辆流量及平均延误

注：主、次道路交通量之比为 4∶1

各国根据各自的交通实际情况制定出各自的依据。

前期必须做的调查工作：

（1）车辆与行人的交通流量。

（2）进口道上的车辆行驶速度。

（3）交叉口的平面布置图。

（4）交通事故及冲突记录图。

（5）可穿越临界空档。

2）延误

美国设置方法：8 小时流量、 4 小时流量、高峰小时、学童过街、联动信号、事故记录、道路网络。

我国设置方法：高峰小时流量和 12 小时流量、道路宽度大于 15 m 应设非机动车信号灯、行人高峰小时流量大于 500 人次应设行人过街信号灯、实行分道控制的交叉口应设车道信号灯、交叉口间距大于 500 m、高峰小时流量超过 750 辆及 12 h 流量超过 8 000 辆的路段，当通过人行横道的行人高峰小时流量超过 500 人次时，可设置人行横道信号灯及相应的机动车信号灯。

7.4.2　信号灯控制类别

1．按控制范围分类

1）单个交叉口的交通控制

每个交叉口的交通控制信号只按照该交叉口的交通情况独立运行，不与其邻近交叉口的控制信号有任何联系的，称为单个交叉口交通控制，俗称"点控制"。

2）干道交叉口信号协调控制

把干道上若干连续交叉口的交通信号通过一定的方式连接起来，同时对各交叉口设计一种相互协调的配时方案，各交叉口的信号灯按此协调方案联合运行，使车辆通过这些交叉口时，不致经常遇上红灯，称为干道信号协调控制，也称"绿波"信号控制，俗称"线控制"。

根据相邻交叉口间信号灯连接方法的不同，线控制可分为：

（1）有电缆线控由主控制机或计算机通过传输线路操纵各信号灯间的协调运行。

（2）无电缆线控通过电源频率及控制机内的计时装置来操纵各信号灯按时协调运行。

3）区域交通信号控制

系统中所有信号控制交叉口作为区域交通信号控制系统，俗称"面控制"。控制区内各受控交通信号都受中心控制室集中控制。

2．按控制方法分类

1）定时控制

交叉口信号控制机均按事先设定的配时方案运行，称为定周期控制。一天只用一个配时方案的称为单段式定时控制；一天按不同时段的交通量采用几个配时方案的称为多段式定时控制。最基本的控制方式是单个交叉口的定时控制。线控制、面控制也都可用定时控制的方式，也称静态线控系统、静态面控系统。

2）感应控制

感应控制是在交叉口进口道上设置车辆检测器，信号灯配时方案可随检测器检测到的车流信息而随时改变的一种控制方式。感应控制的基本方式是单个交叉口的感应控制，简称单点感应控制。可分为：

（1）半感应控制：只在交叉口部分进口道上设置检测器的感应控制。

（2）全感应控制：在交叉口全部进口道上都设置检测器的感应控制。

两种分类方法的关系如图 7-24 所示。

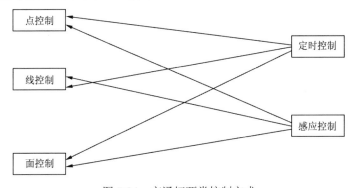

图 7-24　交通灯两类控制方式

7.5　智能交通电子警察系统

电子警察，又称闯红灯自动记录系统，安装在信号控制的交叉路口和路段上，并对指定车道内机动车闯红灯等行为进行不间断自动监测和记录，如图 7-25 所示。

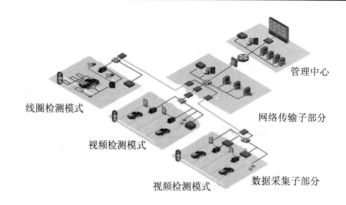

图 7-25　智能交通电子警察系统

智能交通电警系统功能和作用如下：

（1）功能：电子警察系统功能体现在系统前端功能和系统后台应用两方面，前者要求电子警察系统除了实现单一的闯红灯抓拍功能以外，还要能实现卡口、禁左、禁右、压线、变道、逆行等行为的全面记录，同时具备车牌识别、车身颜色识别、视频分析等综合智能化功能；后者要求电子警察系统不仅仅是一个违章处罚系统，更要逐步向交通诱导管理的方向演进，以智能化的应用切实提升道路交通管理水平，为方便公众出行服务。

（2）作用：通过采集、处理、显示及发布交通流参数、事件等动态交通流信息，为城市道路现代化监控系统的建立提供一流的交通信息支持与技术服务。利用科技手段实现对道路交通进行有力的治理，既能有效地防止此类交通违章行为，减少由此引起的事故，又能对违章的驾驶人起到威慑作用，促进交通秩序良性循环，同时能将部分交警解放出来，在一定程度上缓解警力不足的现象。

表 7-1 所示为视频检测和线圈检测的功能对比。可以看出，地感线圈用于触发照相机对行驶车辆进行拍照，而视频检测则用于主动进行抓拍，并对抓拍数据进行处理后根据实际情况进行车辆违法判断、报警和调整信号灯状态。

表 7-1　视频检测和线圈检测的功能对比

功 能 名 称	功 能 概 述	线圈检测模式	视频检测模式
视频检测功能	采用视频检测技术，自动检测抓拍到机动车违反交通安全法行为的连续照片，同时具有卡口功能对所有过往车辆进行图像记录		√
线圈检测功能	采用地感线圈方式检测车辆通行，触发照相机对通过车辆进行抓拍	√	
闯禁令、违反禁止标线记录功能	系统可以通过对视频的智能分析判断车辆右/左转、压线、跨线、违反禁止线等违法行为		√
违章停车、道路堵塞报警	系统通过对视频的智能分析、判断是否存在违章停车及道路是否存在堵塞，对存在情况产生图片报警信息		√
信号灯状态视频检测功能	通过视频检测、分析的方式判定红绿信号灯状态		√

7.6　沙盘中智能交通灯系统

智能交通沙盘上的交通灯是由交通灯控制节点模块进行模拟控制的，相应的功能模块集成到转接板上集成。沙盘上的两组红绿灯如图 7-26 所示。

网关控制
交通灯路灯

图 7-26　沙盘上的两组红绿灯

7.6.1　沙盘接线

交通灯采用共阳极的连接方式：把所有交通灯的正极连接在一起为共阳极，交通灯的正极连接开关电源正极 5 V，交通灯接地线连接开关电源的负极。南北方向和东西方向的控制端子 NB-X/DX-X 连接继电器 ON 端。智能红外检测车流量所有的红外传感器 5 V 和 GND 是连接在一起的。这里的 5 V 和 GND 是由抽屉内控制节点上方对应 5 V 和 GND 连接供电。沙盘抽屉内与交通灯相关的有智能交通灯控制节点和智能车流量节点如图 7-27 所示。

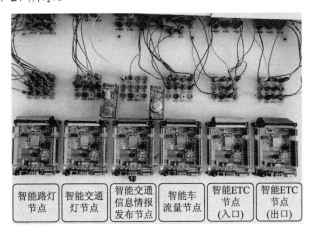

图 7-27　抽屉内智能交通灯节点和智能车流量节点

智能交通灯线序连接如图 7-28 所示，车流量线序连接如图 7-29 所示。

智能交通灯控制系统是对红绿灯实现智能化的管理，以优化人们的生活，提高人们出行的速率，节约能源的额外开支。其主要功能是通过车流量的大小实现对红绿灯的控制。智能红绿灯模块分为红绿灯控制、车流量统计、公交优先以及与网关通信四部分。

智能交通灯	
NB-R	继电器常开端K1-N0
NB-Y	继电器常开端K2-N0
NB-G	继电器常开端K3-N0
DX-R	继电器常开端K10-N0
DX-Y	继电器常开端K11-N0
DX-G	继电器常开端K12-N0
J-COM	继电器公共端端C

继电器模块	智能交通ZigBee控制板
IN1	PA1
IN2	PA6
IN3	PA7
IN10	PB0
IN11	PB1
IN12	PB12

图 7-28　智能红绿灯线序连接图

智能车流量	智能交通ZigBee控制板
IR1	PA1
IR2	PA6
IR3	PA7
IR4	PB0
IR5	PB1
IR6	PB12
IR7	PB13
IR8	PB14
L-GND	GND
L-5V	5V

图 7-29　车流量线序连接图

7.6.2　交通灯控制节点设计

红绿灯的控制程序主要是通过 STM32 单片机来实现的，主要实现方法就是利用单片机的不同引脚，来控制东西南北方向红绿灯的亮灭，实现东西南北红绿灯的交替点亮。红绿灯的控制主要分为以下四种情况：南北绿灯亮，东西红灯亮；南北黄灯亮，东西红灯亮；南北红灯亮，东西绿灯亮；南北红灯亮，东西黄灯亮。

红绿灯的引脚控制如表 7-2 所示。

表 7-2　红绿灯的引脚控制

DX_R	GPIOA-1	DX_Y	GPIOA-6	DX_G	GPIOA-7
NB_G	GPIOB-0	NB_Y	GPIOB-1	NB_R	GPIOB-12

其中，DX 代表东西方向，由 GPIOA 的 1、6、7 引脚控制；NB 代表南北方向，由 GPIOB 的 0、1、12 引脚控制。交通灯模块和物联网网关通信，有固定和公交优先两种工作模式。智能红绿灯通信的信息如表 7-3 所示。

表 7-3　智能红绿灯通信的信息

参 数 标 志	值	属 性	数 据	备 注
工作模式	0X11	R/W	1 个字节	0:固定模式；1:公交优先模式
运行方向	0X12	W	1 个字节	0:南北方向通行；1:东西方向通行
通行方向状态	0X13	R	1 个字节	0:南北方向通行；1:南北方向黄灯；2:东西方向通行 3:东西方向黄灯

具体实现方法：

此处由 nStep 控制 4 种情况，当 nStep 为 0 时，南北绿灯亮，东西红灯亮；当 nStep 的值为 1 时，南北黄灯亮，东西红灯亮；当 nStep 的值为 2 时，南北红灯亮，东西绿灯亮；当 nStep 的值为 3 时，南北红灯亮，东西黄灯亮。基本红绿灯模块的流程图如图 7-30 所示。

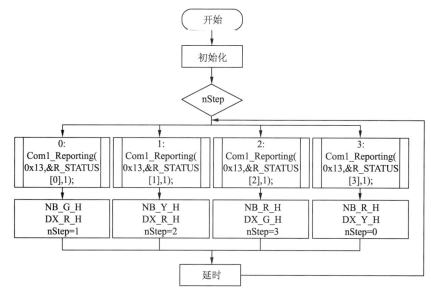

图 7-30　交通灯控制节点程序流程图

相关程序如下：

```
void RGYFuntion(void)
{
    static unsigned int TimeCNT;
    switch(nStep)
    {
        case 0:                      //(南北绿)，东西红
        RGY_Delay_ms(20);            //延迟20ms
        Com1_Reporting(0x13,&R_STATUS[0],1);//向网关上报状态
        AllLightOff();               //所有灯暂时灭
        NB_G_H;                      //南北方向绿灯亮
        DX_R_H;                      //东西方向红灯亮
        NowRGYState=R_NB_PASS;       //现在的状态，提供为网关查询使用
            while(RxCMDFlag==UnRxd && TimeCNT<=1500)//15s
            {
                RGY_Delay_ms(10);
                TimeCNT ++;
            }
            TimeCNT=0;               //清除计数标志
            nStep=1;                 //现在是第一种状态
        case 1:                      //南北黄灯亮，东西红灯亮
          RGY_Delay_ms(20);
```

```
        Com1_Reporting(0x13,&R_STATUS[1],1);
        AllLightOff();
        NB_Y_H;
        DX_R_H;
        NowRGYState=R_NB_YELL;        //现在的状态，提供为上位机查询使用
        while(TimeCNT<=150)    //1.5s,对黄灯不接受任何
                              //调整指令，黄灯期间可以通行，且下一个状态马上就要到来
        {
           RGY_Delay_ms(10);
           TimeCNT ++;
        }
        TimeCNT=0;
        nStep=2;
     case 2:                          //南北红灯亮，东西绿灯亮
        RGY_Delay_ms(20);
        Com1_Reporting(0x13,&R_STATUS[2],1);
        AllLightOff();
        NB_R_H;
        DX_G_H;
        NowRGYState=R_DX_PASS;      // 现在的状态，提供为上位机查询使用
        while(RxCMDFlag==UnRxd&&TimeCNT<=1500)//15s
        {
           GY_Delay_ms(10);
           TimeCNT ++;
        }
        TimeCNT=0;
        nStep=3;

     case 3:                          //南北红灯亮，东西黄灯亮
          RGY_Delay_ms(20);
          Com1_Reporting(0x13,&R_STATUS[3],1);
        AllLightOff();
        NB_R_H;
        DX_Y_H;
        NowRGYState=R_DX_YELL;      // 现在的状态，提供为上位机查询使用
        while(TimeCNT<=150)        //1.5s,对黄灯不接受任何调整指令，黄灯期间
                                   //可以通行，且下一个状态马上就要到来
        {
           RGY_Delay_ms(10);
           TimeCNT ++;
        }
        TimeCNT=0;
        nStep=0;
        break;                     //南北红，（东西黄）
   }
 }
```

利用 ST-LINK 连接智能交通灯模块，连接智能交通灯模块图如图 7-31 所示。连接好后，将程序下载到红绿灯模块中即可。

图 7-31　ST-LINK 连接智能交通灯节点

将程序下载到系统中，其运行结果如图 7-32 所示，分别显示绿灯、红灯、黄灯 3 种情况。

图 7-32　交通信号灯运行结果

7.6.3　车流量统计设计

车流量统计首先要考虑的是车流量的检测，系统主要采用了红外传感器，在沙盘十字路口有 8 个用于统计车流量的红外传感器，一旦有车通过，车流量的计数就会加一。然后，控制每隔 20 s 将得到的车流量的值上报给上位机。车流量检测程序流程图如图 7-33 所示。

车流量统计信息每隔一定时间将数据上报给物联网网关，上报数据格式如表 7-4 所示。物联网网关根据 8 个红外传感器得到的数据按照东西和南北两个方向的车流量总和计算哪个方向车流量大，然后就通知交通灯控制节点在该方向上的红灯提前变为绿灯。

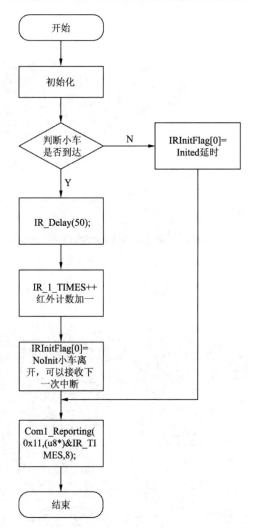

图 7-33　车流量检测流程图

表 7-4　车流量统计信息上报物联网网关的通信格式

参 数 标 志	值	属 性	数 据	备 注
车流量值	0X11	R	8 字节	1~8 字节对应编号传感器的流量值

红外传感器统计车流量的主要程序代码如下：

```
if(TIM_GetITStatus(TIM2, TIM_IT_Update) != RESET)  //状态没有改变
{
    TIM_ClearITPendingBit(TIM2, TIM_IT_Update);//定时启动
    if(IRflag[0] > 0)                 //红外感应有车到来，判断中断延迟时间
    {
        IRInitFlag[0] = Inited;              //初始化小车未能离开标记值
        if(IRFlag[0] != 1) IRFlag[0] -- ;       //中断延迟时间倒计时
        if(IRFlag[0] == 1)//中断延时中断即将结束
        {
            if(GPIO_ReadInputDataBit(GPIOA,GPIO_Pin_8) == PASSED)//此时小车未能离开
            {
            IRFlag[0] = Initival;                   //重新设置延迟时间值。
```

```
    }
        else                                    // 小车离开
        {
            IR_1_TIMES ++;                      //车流量计数器+1
            IRInitFlag[0]=NoInit;                        //设置小车离开标记
            IRFlag[0]=0;                        //中断延迟时间清 0
        }
    }
  }
Com1_Reporting(0x11,&IR_CODE[0],2);             //上报网关
}
```

此程序中可以得到车流量，并通过 Com1_Reporting()函数将车流量的信息发送给网关。通过网关获取到车流量的大小，并通过计算延长车流量大方向的绿灯时间来解决车流量大造成的交通堵塞问题。

7.6.4　公交优先设计

公交优先模式主要应用在车流量大的情况下，控制红绿灯时间，从而使得公交车先行。这个模式主要是由物联网网关控制的，公交车会实时地发送自己的位置信息给物联网网关，物联网网关通过判断公交车的位置信息，做出相应的调整，将工作的模式转换为公交优先的模式，并对公交车进行判断，将公交车的位置数据发送给交通灯控制节点，交通灯控制节点程序中利用 USART_ReceiveData()函数从 ZigBee 网络接收到两个数据：一个是工作模式，另一个是运行的方向。当交通灯控制节点接收到工作模式为公交优先模式的指令时，就延长公交车运行方向的绿灯时间，确保公交车有足够的时间通过该路口。

公交优先由物联网网关控制，由于公交车会定时地上报自己的实时车辆 ID 信息和距离信息给，因此物联网网关定期发送信息给公交控制节点模块。公交车上报信息如表 7-5 所示。

表 7-5　公交车上报信息格式

参 数 标 志	值	属 性	数 据	备　注
工作模式	0X11	R/W	1 字节	0：固定模式；1：公交优先模式

下面以南北方向为绿灯，东西方向为红灯时，公交车停在东西方向为例，说明公交优先的程序：

```
unsigned char IRFlag[8]={0,0,0,0,0,0,0,0};
static unsigned int TimeCNT;
  ForcedDIR=1;
  NowMode=0x01;
    case 0: //南北绿，东西红
        RGY_Delay_ms(20);
        Com1_Reporting(0x13,&R_STATUS[0],1);
        AllLightOff();
        NB_G_H;
        DX_R_H;
```

```
NowRGYState=R_NB_PASS;// 现在的状态，提供为上位机查询使用
while(RxCMDFlag==UnRxd && TimeCNT<=1500)//15s
{
    RGY_Delay_ms(10);
    TimeCNT ++;
}
TimeCNT=0;                                   //清除计数标志
RxCMDFlag=UnRxd;                             //恢复标志位
nStep=1;                                     //现在是南北绿情况
if(ForcedDIR==0)                             //上位机发来的方向
{nStep=0;ForcedDIR=2;}                       //改变方向为南北红，东西绿
else if(ForcedDIR==1)                        //上位机发来的方向
{nStep=2;ForcedDIR=2;}                       //根据上位机的方向进行调整
else
break;                                       //(南北绿)，东西红
```

　　判断公交车位置及方向是由物联网网关完成的，交通灯控制节点会接收到公交优先的指令，以及通行的方向。根据接收到通行的方向，在每一个 case 中更改 nStep 的值，从而控制延长红绿灯的时间，当公交车通过后，红绿灯的模式将换回原来的固定模式。

　　公交优先根据物联网网关的工作模式进行调整，如图 7-34 所示。将工作模式调整为公交优先模式，即可看到交通灯根据所接收到的模式自动进行调整。公交优先运行效果图如图 7-35 所示。

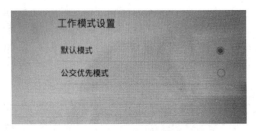

图 7-34　工作模式设置

图 7-35　公交优先运行效果

第8章
智能路灯管理系统

8.1　路灯发展历程

　　1807 英国汽灯：最初的路灯光线比较弱，因为路灯采用普通的蜡烛和油。后来改用煤油后，路灯的亮度有了明显的提高，而路灯真正的革命是在汽灯出现之后。但最初，它的发明者英国人威廉·默多克却饱受讥讽。沃尔特·斯科特曾在写给一位朋友的信中称道，有一个疯子要用一种冒着"黑烟"的路灯来给伦敦的夜晚照明了。尽管默多克的路灯惹来了很多争议，但这种路灯的优势却不容忽视。1807 年，这种新型路灯被安装在了波迈大街上，并很快风靡欧洲各国的首都，如图 8-1 所示。

图 8-1　汽灯

　　1843 年，中国上海街头出现了第一盏路灯，尽管它是煤油点燃的，可在人们的心目中，比月光还要神圣。黄浦江边摩肩接踵的人群专门前往一睹风采。后来，上海的租界的路灯又改为煤气灯，它是由伦敦移植过来的，亮度比煤油灯提高了数倍，在夜间行人的眼中，简直就是夜晚的"太阳"。直到 1879 年，上海十六浦码头终于亮起了中国第一盏电灯，配备的是一台 10 马力（1 马力≈735W）的内燃机发电组，相当于一台手扶拖拉机的功率。初始的马路电灯在每根电线杆上装闸刀开关，仍需人工每天开启关闭，3 年后方改为多个路灯合用一个开关，这种形式的路灯在全国各个城市沿用到 20 世纪。1959 年，中华人民共和国成立 10 周年大庆前夕，北京进行十大建筑和天安门广场建设，长安街的花灯也是这时设计制作的。当时长安街路灯造型设计方案有很多，现在使用的是莲花灯和棉桃灯造型，如图 8-2 所示。

图 8-2　长安街莲花路灯

8.2　路灯发展现状

当代社会城市路灯照明（见图 8-3）已经成为展示城市魅力的名片和窗口，但是照明在带来辉煌、绚丽和方便的同时，也遇到了诸多预料不到的问题，如费用问题、用电问题、管理问题、故障回报问题等。采用何种方案可以解决以上问题？

就路灯领域来讲，节能问题自然是我们考虑的首选。据有关环保部门统计数字显示，海口地区现约有路灯 2 万盏，年耗电费在 1 300 万元～1 500 万元；每年西安市路灯照明的电费超过 1 亿元；南京仅路灯的数量大约有 20 万盏，如果每天以平均开灯 10 小时计算，那么每年的电费至少在 2.2 亿元左右。

图 8-3　现代科技下的城市照明灯

所有这些数字显示表明，我们正面临着严重的能源耗费问题。在电力能源紧张的今天，物联网技术不但可以帮助照明系统节省 25％以上的用电量，而且还让照明灯具的使用寿命得到极大限度的延长，不仅帮助解决城市路灯照明经费问题，还可以帮助解决电力能源环保等相关领域问题。

因此，通过物联网技术来进行路灯智能化管理是建设节能环保型城市的关键。当前城市路灯普遍存在控制方法原始、应急处理乏力、设备维护滞后等问题。为提高道路照明质量、降低能耗、实现绿色照明，需要推出"基于物联网的智能化路灯系统"，如"ZigBee远程无线路灯控制系统"。

8.3　基于 GPRS 的路灯管理系统

最早的使用是应用 GSM（Global System for Mobile Communication，全球通移动通信系统）短信方式控制路灯系统，实现了遥控、遥测、遥信和报警功能，以及自动开关灯及全夜灯、半夜灯任务的执行，为财政节约了电费支出，并减少了维修养护费用。

但投入使用后，系统表现出不少缺点：监测速度很慢，不能及时地反映出亮灯率及设备运行故障原因；监控信息传输容量有限，经常出现信息丢失，漏掉一些重要的信息；监控报警能力差，报警信息不准确，且不具备电缆防盗的功能；监控的控制方式不稳定，经常出现亮灯不及时的状况，需要巡逻人员去现场开灯；中控室对路灯远程控制时，由于传输信号的质量原因，不能及时准确地开关灯，影响正常照明，甚至造成电能浪费。

GPRS（General Packet Radio Service，通用分组无线业务）是一种基于第二代移动通信系统 GSM 的无线分组交换技术，特别适用于间断的、突发性的或频繁的、少量的数据传输，也适用于偶尔的大数据量传输。这一特点正适合路灯监视控制系统的实际应用，可节约人力、物力，提高管理水平；传输数据快捷、出错率低。

目前，GPRS 移动通信技术已经很成熟，GPRS 网络与 Internet 连接起来成为数据传输网络，充分利用已有的公共网络资源，节省了网络建设及维护成本，而且 GPRS-Internet 通信方式应用于城市路灯监控的技术可以选用 UDP 协议提升数据传输速率，并在用户层采用一定的数据错误检测机制，在此基础上设计一个监控中心的主站端计算机-远程监控终端通信规约，实现远程监控终端与主站端计算机之间的通信，既保证数据传输降低了系统运营成本，又使系统具有一定的实时性、经济性和可靠性。基于 GPRS-Internet 的城市路灯远程监控系统由监控中心的主站端计算机和位于路灯现场的多台远程监控终端通过 GPRS-Internet 连接组成，如图 8-4 所示。

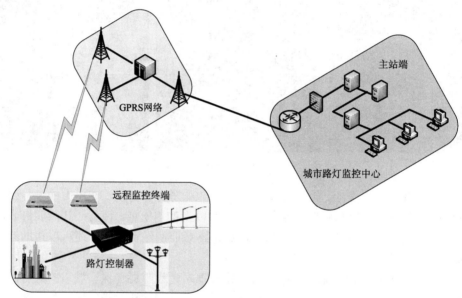

图 8-4　GPRS-Internet 连接控制路灯示意图

主站端计算机通过与 Internet 连接可以采集各路灯线路的实时运行参数，进行远程监测、控制和信息管理。远程监控终端一般安装于各条路灯线路的箱式变电站中，也可以独立安装，要求其位于移动通信覆盖的区域范围内。远程监控终端接收执行来自主站端计算机的命令（如分/合闸命令、设置运行参数、数据分析和校对时钟等），能自动检测出停电故障、开关灯失控、运行参数越限和终端设备异常等事件，并及时将相关数据上传给主站端计算机。

主站端计算机-远程监控终端通信规约以发送和查询方式为基础，增加远程监控终端主动发送机制。主站端计算机根据需要随时发送命令，远程监控终端接收命令后，执行相应的操作并做出应答，返回路灯线路当前的运行数据。主站端计算机若在规定时间内未收到应答，会重发两次进行确认，若仍未收到应答，则认为通信网络故障。由于路灯系统传输数据量小、时间短，主站端计算机发送的报文和远程监控终端应答报文的总数据流量能控制在一定范围以内，如图 8-5 所示。

当远程监控终端执行分/合闸操作、发现故障或运行参数越限时，主动向主站端计算机发送报文，避免了主站端计算机为提高系统实时性而频繁向远程监控终端发送数据报文，使得远程监控终端以尽量少的数据流量传送能反映终端运行工况的最关键信息。降低了通信费用，使得系统的经济性和实时性得到兼顾。

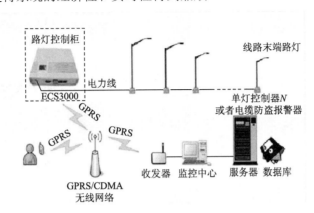

图 8-5　GPRS 控制路灯示意图

但 GSM/GPRS 智能路灯监视控制系统也有不足之处，基于 GSM 的数据传输存在不同程度的延迟，尤其是在频繁传输大量数据时，特别是在节假日等短信高峰时期。

8.4　基于 ZigBee 的智能路灯系统

单独的 GPRS 路灯控制只是控制一条路上的路灯（见图 8-6），无法实现更多系统控制及单双灯控制，且费用高。ZigBee+GPRS 最新无线技术从根本上克服了前两者的缺陷，是真正的"无处不在"的技术。

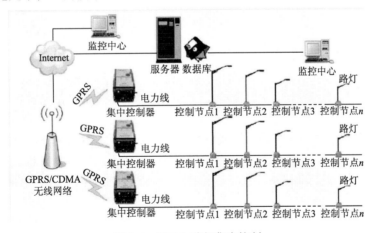

图 8-6　GPRS 路灯集中控制

智能路灯管理系统应用 ZigBee 无线技术实现单灯管理的功能。具有以下优点：系统通过 ZigBee 和 GPRS 的无线网络，在用户计算机上自动获得路灯的各种参数状态，实现了自动巡检，可以判别出路灯的故障状况、老化程度、亮灯状况等；实现了路灯的调光和按需亮灯功能，即该亮时亮、该暗时暗，可以节约电能 25% 左右（节能）。应用无线的组网方式，可以节约大量电线电缆，节约了大量的物资（低碳）。

基于 ZigBee 的智能路灯管理系统分为管理中心、网络通信和终端模块三部分，如图 8-7 所示；需要监控器、子网协调器以及监控中心三种设备如图 8-8 所示，分为主站、一级、二级终端三层的组成构架。

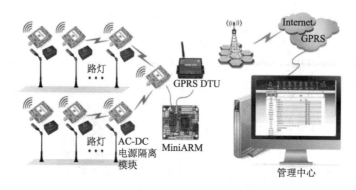

图 8-7　基于 ZigBee 的智能路灯管理系统

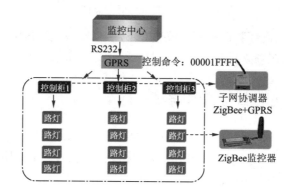

图 8-8　智能路灯控制系统的三种设备

1. 智能路灯管理系统

管理中心模块由服务器、大屏幕投影显示设备、路灯智能测控系统软件及 Web 服务器、打印机等设备组成，负责实时监控路灯的工作情况、查询工作记录和对路灯的实时控制。

智能路灯管理系统的网络通信模块包括嵌入式工控板、ZigBee 模块和 GPRS 模块（DTU）。DTU 使用串口与嵌入式工控板通信，在嵌入式工控板和服务器之间搭建一条透明的数据通道，再通过 ZigBee 无线实时监控每一盏路灯的工作情况，并通过 DTU 向主站发送路灯的状态信息。

智能路灯管理系统的终端模块由单片机、ZigBee、输入/输出接口板等组成，它安装在每盏灯里。通过 ZigBee 接收命令实时监控每盏路灯的亮灭情况、亮度调节、电能负荷状态、灯杆损坏报警、漏电报警、接收一级终端的查询命令、控制命令等。

2. 设备

监控器：路灯监控器内嵌 ZigBee 和智能芯片，一般集成在灯具内，也可以安装在灯具外面或灯杆上，具有开关、亮度调节、电流电压采集等功能，并预留了温度采集、灯杆倾斜检测等功能。

子网协调器：协调器内嵌 ZigBee、GPRS 和智能芯片，一般安装在路灯控制箱内，是路灯监控器和计算机监控中心的通信桥梁。它负责监控子网内的路灯，将监控中心的命令下达给路灯，将路灯及线路信息反馈给监控中心。子网协调器还可以扩展回路控制功能。

监控中心：具有管理子网协调器、路灯监控器的功能，并对收集上来的数据进行分析处理和反馈报警，可以及时进行管理调度和评估。

主站：用于收集路灯发送过来的带有路灯工作状态的数据信息，有助于市政人员管理整个城市的路灯。

一级终端：用于接收现场 ZigBee 的信号，把 ZigBee 转成 GPRS 或以太网信号传输到后台监控软件。

二级终端：用于采集路灯工作状态信息，控制路灯开关、调光，并向网关发送路灯的工作状态。

智能路灯管理系统可以工作在多种模式下，配合光敏和人、车流量等传感器自动调节亮度，可有效增加能源的利用率，更节能、更高效。遇到特殊事件时，如交通事故、道路施工或节日庆祝活动等，可以通过笔记本计算机、平板计算机或智能手机等通信工具连接到智能路灯管理平台，通过管理员的授权单独对现场的某几盏路灯进行控制，解决长期以来道路照明受限制的问题。

通过智能路灯管理平台，路灯的运行状态一目了然，方便管理人员及时、快捷地维护路灯，提高工作效率。智能路灯管理平台同时还可以对道路的公共基础设施（如沙井盖、变电柜等）进行监控，一旦发现设施有异常移动行为可立刻反映给相关职能部门，真正做到城市智能管理。

8.5　沙盘中智能路灯管理模块的实现

沙盘上的路灯分为 12 组，分别对应不同区域，抽屉内有路灯控制节点，如图 8-9 所示。

图 8-9　抽屉内的智能路灯控制节点

8.5.1　沙盘接线

沙盘中路灯采用共阳极的连接方式：把所有路灯的正极连接在一起为共阳极，路灯的正极连接开关电源正极 3.3 V，LD-GND 连接开关电源的负极。LD-GND 为路灯的控制公共端对应抽屉 L-COM 连接开关电源的 GND，LD-X 分别独立分开连接转接板上的上 LD-X，抽屉上 LDX 连接继电器模块的 ON 端，L-GND 连接继电器模块的 C 端。智能路灯线序连接如图 8-10 所示。

智能路灯	继电器模块
LD1	继电器常开端K1-N0
LD2	继电器常开端K2-N0
LD3	继电器常开端K3-N0
LD4	继电器常开端K4-N0
LD5	继电器常开端K5-N0
LD6	继电器常开端K6-N0
LD7	继电器常开端K7-N0
LD8	继电器常开端K8-N0
LD9	继电器常开端K9-N0
LD10	继电器常开端K10-N0
LD11	继电器常开端K11-N0
LD12	继电器常开端K12-N0
L-COM	继电器公共端C

继电器模块	智能交通ZigBee控制板
IN1	PA1
IN2	PA6
IN3	PA7
IN4	PB0
IN5	PB1
IN6	PB12
IN7	PB13
IN8	PB14
IN9	PB15
IN10	PA8
IN11	PA11
IN12	PA12

图 8-10　智能路灯线序连接

在路灯照明系统的设计过程中，除了基本的照明功能设计外，还必须同时考虑路灯照明系统使用的节能性、操作的智能性和维护的便捷性等综合化设计。例如，在深夜时，车流量小，在没有车的情况下路灯一直亮着就会造成资源的浪费。在清晨，当光照度足够强的时候，系统如果没有及时关闭路灯也会造成资源的浪费。因此，沙盘系统可以提供基于车流量以及光照度两种路灯控制模式。

（1）整体控制模式：物联网智能交通系统有一组光照传感器，采集环境光照度，光照值通过 ZigBee 网络传输给中央控制器，中央控制器根据光照值进行整个系统所有路灯的整体控制，例如光照度低于某一个值时，路灯整体打开。整体控制模式是对现实交通网上的路灯的模拟仿真。

（2）节能控制模式：在智能交通沙盘系统上，中央控制系统知道每辆车的实时位置，因此就能够更加智能化地对路灯进行控制。系统可以根据车辆的运行方向和所在位置进行智能灯光控制，车辆运行前方的路灯自动打开，车辆过后，路灯自动熄灭。这种模式适合在深夜到凌晨，路上没有多少车辆的情况下使用。这种智能化的节能控制模式也是未来交通网的必然趋势。

8.5.2　智能路灯模块

沙盘系统的路灯控制程序通过 STM32 单片机实现，这个模式通过物联网网关控制，通过在物联网网关处选择 12 组路灯的亮灭情况，然后将信息发送给路灯控制节点，路灯控制节点接收到信息后，根据网关发送的路灯编码，开启相应的路灯。路灯的控制是通过单片机的 12 个不同的引脚实现的。设置高电平时所有路灯亮，设置低电平时所有路灯灭。路灯的引脚控制如表 8-1 所示。

表 8-1　路灯的引脚控制

GPIOA	GPIO_Pin_1	GPIO_Pin_6	GPIO_Pin_7	GPIO_Pin_8	GPIO_Pin_11	GPIO_Pin_12
GPIOB	GPIO_Pin_0	GPIO_Pin_1	GPIO_Pin_12	GPIO_Pin_13	GPIO_Pin_14	GPIO_Pin_15

　　智能路灯控制模块主要是由物联网网关来控制，选择某个路灯的亮灭，然后将信息发送给智能路灯控制节点。由于每组路灯都有自己的编号，可以通过选择路灯的编号来控制灯的亮灭。某路灯控制的主要程序流程图如图 8-11 所示。

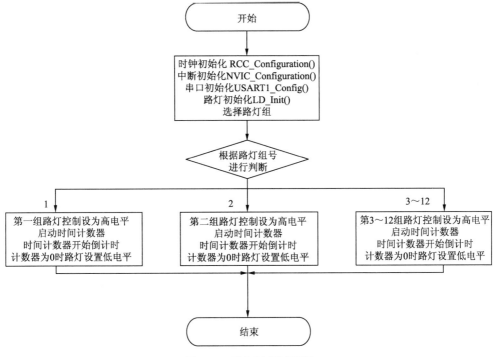

图 8-11　路灯控制流程图

其主要程序如下：

```
switch(Code)
{
    case LD_1:LD_1_Status=LD_STATUS_ON; LD1_Counter=1000; break;
    case LD_2:LD_2_Status=LD_STATUS_ON; LD2_Counter=1000; break;
    case LD_3:LD_3_Status=LD_STATUS_ON; LD3_Counter=1000; break;
    case LD_4:LD_4_Status=LD_STATUS_ON; LD4_Counter=1000; break;
    case LD_5:LD_5_Status=LD_STATUS_ON; LD5_Counter=1000; break;
    case LD_6:LD_6_Status=LD_STATUS_ON; LD6_Counter=1000; break;
    case LD_7:LD_7_Status=LD_STATUS_ON; LD7_Counter=1000; break;
    case LD_8:LD_8_Status=LD_STATUS_ON; LD8_Counter=1000; break;
    case LD_9:LD_9_Status=LD_STATUS_ON; LD9_Counter=1000; break;
    case LD_10:LD_10_Status=LD_STATUS_ON; LD10_Counter=1000; break;
    case LD_11:LD_11_Status=LD_STATUS_ON; LD11_Counter=1000;break;
    case LD_12:LD_12_Status=LD_STATUS_ON; LD12_Counter=1000; break;
    default  :TXD_BUF_P_REAR->error_flag = 0x02;
    break;  //返回路灯编号错误
    break;
}
TIM_ClearITPendingBit(TIM2, TIM_IT_Update);
if(LD1_Counter>1)
```

```
    {
        LD1_Counter--;
    }
```

此函数为选择某组路灯打开，每 10 ms 对应的查询量就会减一，当自动延时 10 s 之后，路灯就会自动关闭。

8.5.3　车流量统计

沙盘中的车流量统计节点无论是路灯控制系统，还是交通灯控制系统，都采用红外传感器，通过红外线接收管来分辨是否有车辆驶入。当有物体遮挡了某个红外线接收管时，通过单片机内部的计数器计算脉冲个数，将时间记录下来。判断在 1 ms 内，是否还继续有物体的遮挡，如果没有物体遮挡，红外线接收管的输出脉冲的波形保持不变；如果有物体遮挡，红外线接收管输出的高电平将持续 1 ms 以上。通过红外线接收管的输出状态是否是高电平，可以判断当前是否有物体的遮挡，从而可以计算车流量的大小。

路灯车流量的检测实现方法与交通灯车流量的检测实现方法类似。将得到的车流量数据上报给物联网网关，再通过物联网网关根据该车流量的大小和方向来通知路灯控制节点哪个方向的路灯组亮或灭，这种通过车流量的大小控制路灯组的亮灭是为了模拟城市交通中出现车流量大时应该开启路灯的情况。真实情况应该是车流量大的路段路灯打开多，车流量小的路段路灯打开少，没有车流量的地方路灯关闭。路灯亮灭的 GPIO 组引脚设置程序代码如下：

```
void All_LD_Off(void)
{
    GPIO_ResetBits(GPIOA,GPIO_Pin_1|GPIO_Pin_6|GPIO_Pin_7|
    GPIO_Pin_8|GPIO_Pin_11|GPIO_Pin_12);
    GPIO_ResetBits(GPIOB,GPIO_Pin_0|GPIO_Pin_1|GPIO_Pin_12|
    GPIO_Pin_13|GPIO_Pin_14|GPIO_Pin_15 );
}
void All_LD_On(void)
{
    GPIO_SetBits(GPIOA,GPIO_Pin_1|GPIO_Pin_6|GPIO_Pin_7|
    GPIO_Pin_8|GPIO_Pin_11|GPIO_Pin_12);
    GPIO_SetBits(GPIOB,GPIO_Pin_0|GPIO_Pin_1|GPIO_Pin_12|
    GPIO_Pin_13|GPIO_Pin_14|GPIO_Pin_15);
}
```

8.5.4　光照度控制

沙盘的智能交通系统有一组光照传感器，采集环境光照度，并且将采集到的光照度通过 ADC 转换，由中央控制器根据光照值对整个系统的所有路灯进行整体控制，例如光照度低于某一个值时，路灯整体打开。光照度高于某一个值时，路灯整体关闭。整体控制模式是对现实交通系统中路灯的模拟仿真。

沙盘中路灯模块主要实现光照度控制以及车流量控制这两种控制方式。节点根据关照度传感器决定是否开启所有路灯。智能路灯节点与物联网网关通信的帧格式如表 8-2 所示。

表 8-2　智能路灯节点与物联网网关通信的帧格式

参 数 标 志	值	属 性	数 据	备　　注
工作模式	0X11	R/W	1 字节	0：整体控制模式
路灯控制	0X12	W	2 字节	第一个字节：路灯编码； 第二个字节：路灯操作（01 打开，　00 关闭）
路灯状态	0X13	R	3 字节	第一个字节：路灯编号（00 代表全部）； 第二个字节：当前状态（00 关闭，01 打开）

　　光照度控制路灯的实现方法是由光照度传感器检测当前环境的关照强度，并将此模拟量发送给智能路灯节点。智能路灯节点接收到数据后，通过 A/D 转换将模拟量转换为数字量。当光照强度大于某一个特定的值时，路灯关闭，当小于这个值时，路灯打开。光照度控制路灯流程图如图 8-12 所示。

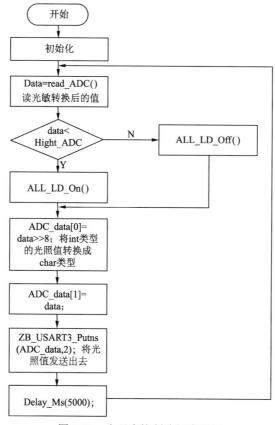

图 8-12　光照度控制路灯流程图

其主要程序如下：

```
while(1)
{
    data=read_ADC();                    //读取光敏转换后的值
    if(data<Hight_ADC)                  //当光照度小于某值时，打开路灯
        All_LD_On();
    else
        All_LD_Off();                   //否则关闭路灯
    ADC_data[0]=data>>8;                //将 int 类型的光照值转换成 char 类型
```

```
        ADC_data[1]=data;
        ZB_USART3_Putns(ADC_data,2);       //将光照值发送出去
        Delay_Ms(5000);
    }
uint16_t read_ADC(void)
{
    ADC_SoftwareStartConvCmd(ADC1, ENABLE);          //启动ADC1转换
    while(! ADC_GetFlagStatus(ADC1, ADC_FLAG_EOC));  //等待ADC转换完毕
    return ADC_GetConversionValue(ADC1);             //读取adc数值
}
```

在 main()函数中需要实现系统时钟初始化函数、通用节点 ZigBee 模块串口初始化函数、ZigBee 串口中断配置函数、光照采集初始化函数、路灯引脚初始化函数、光照值读取函数、点亮路灯函数、关闭路灯函数、ZigBee 收发函数。小车的 ZigBee 模块使用的是 STM32 处理器的串口 1，通用节点的 ZigBee 模块使用的是 STM32 处理器的串口 3。

```
Void main(void)
{
    int data;
    char ADC_data[2];

    SystemInit()                         //系统时钟
    ZB_USART3_Init()                     //通用节点ZigBee串口初始化
    ZB_NVIC_Configuration()              //ZigBee串口中断配置
    LD_ADC1_Init()                       //光照采集初始化
    LD_GPIO_Config()                     //路灯引脚初始化

    Whilt(1)
    {
        data=read_ADC();                 //读取光敏转换后的值
        if(data<Hight_ADC)               //当光照度小于某值时，打开路灯
            All_LD_On();
        else
            All_LD_Off();                //否则关闭路灯
        ADC_data[0]=data>>8              //将int类型的光照值转换成char类型
        ADC_data[1]=data;
        ZB_USART3_Putns(ADC_data2);      //将光照值发送出去
        Delay_Ms(5000);
    }
}
```

8.5.5　路灯控制操作

同交通灯设计类似，利用 ST-LINK 连接智能路灯节点控制模块，如图 8-13 所示。连接好后，将程序下载到路灯节点模块中即可。

物联网网关控制路灯开启关闭，控制界面如图 8-14 所示。其运行结果如图 8-15 所示。

图 8-13　ST-LINK 连接智能路灯节点

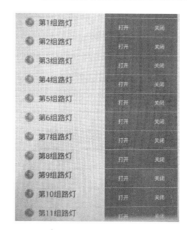

图 8-14　物联网网关控制路灯图

（a）亮

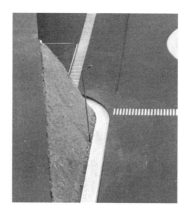

（b）灭

图 8-15　路灯亮灭

　　根据车流量的大小值来控制路灯的亮灭，其运行效果如图 8-16 所示。光照度通过传感器测量的光照值的大小，从而控制路灯亮灭。其运行效果如图 8-17 所示。

图 8-16　车流量控制路灯

图 8-17　光照度控制路灯

第9章

智能公交系统

9.1　智能公交系统的提出

当前城市机动车辆急剧增加，人口膨胀，城市出行活动日益频繁，城市交通运输压力越来越大，已严重影响到了城市的发展，世界各国对此问题均感到十分棘手。要在有限的道路上提供更多的出行服务，优先发展公共交通是解决城市交通不畅问题的根本出路。

先进的公共交通系统（Advanced Public Transportation System，APTS）是指面向公共交通使用者的交通信息系统，其主要功能是改善公共交通工具，具体包括公共汽车、地铁、轻轨列车、城郊铁路和城市间的长途汽车等的运行效率，使公共交通运输更便捷、更经济，运量更大。

APTS 系统利用先进的信息和通信技术，动态实时地采集公交车辆的行驶状态信息、公交车辆营运信息，以及联系道路系统和换乘系统的交通状态信息等公共交通信息，加以处理后提供给用户，以最大限度地确保公交车辆的准时性。在公交沿途的各停靠站上提供到站时间表，并同时提供行驶中车辆的动态信息（如现在所处的位置、到达本站所需要的时间等），将极大地提高公共交通系统的吸引力，有助于公共交通使用者出行、换乘和出发时间的选择，提高使用者的便利程度，大大方便了公众的出行。

我国智能公交系统目前还处于研究规划阶段。在日常线路运行中，经常出现道路通行受阻、运行车辆发生故障以及公交车上突发问题等情况，这些临时发生的、影响运行的因素在行车时刻表的制定中是很难意料和解决的，导致公交车辆的行车速度下降、行车间隔不均衡，增大了运营调度的难度，调度人员无法实时了解运营车辆情况，难以及时有效地采取调度措施。另一方面，城市公交站牌目前还不能全面显示公交车到本站的距离以及时间等信息，更没有办法显示公交车内的拥挤程度及座位空余程度，导致信息并不通畅，出行者不能合理地分配出行时间和选择其他路线或运输工具，影响日常的工作生活。

为此，智能公交系统被提出基于 GPS 全球定位技术、无线通信技术（包括 GPRS 和 CDMA 等）、GIS地理信息技术等技术的综合运用，实现公交车辆运营调度的智能化、公交车辆运行的信息化和可视化，实现面向公众乘客的完善信息服务，通过建立计算机运营管理系统和连接各停车场站的智能终端信息网络，加强对运营车辆的指挥调度，推动智慧交通与低碳城市的建设。

9.2　智能公交系统总体架构

智能公交系统架构分为前端设备子系统、网络传输系统和管理平台三部分。前端设备子系统为车载终端系统，主要采集公交车运营过程中产生的相关数据。网络传输系统把车辆实时运行数据和现场视频录像发送至中心平台。管理平台系统对前端数据进行整合、分析、处理和存储，实现对车辆和人员的调度、监控，生成各种类型的数据报表，如图 9-1 所示。

车载终端系统主要由调度终端和视频监控终端组成，分别实现了公交调度业务功能和视频录像监控功能。调度终端利用 GPS 卫星定位技术采集公交车辆的位置、速度、方向等信息，并与存在设备中的线路、公交站点信息进行综合运算实现公交车自动报站的功能，并结合中心平台下发的调度信息，实现发车时刻到点提醒，中心平台的调度、监管人员可以实时下发相关信息予以提醒。把公交车辆安全运行规则进行程序化，有效地监控驾驶人在运营时的行车规范，并把诸如超速报警、滞站、越站等违规行为形成记录。视频监控终端实现对公交车内和车外环境的视频监控和录像存储，对车内的环境进行声音采集和存储，对公交车前方、上客门和驾驶人区域、下客门区域、车厢内部的实时录像功能，把下客门区域的监控画面传输给车载调度报站信息屏，在进站和出站之间可以让驾驶人查看下客门区域的视频情况，实现了报站联动的功能，并利用网络把现场的实时音视频画面上传至中心平台。

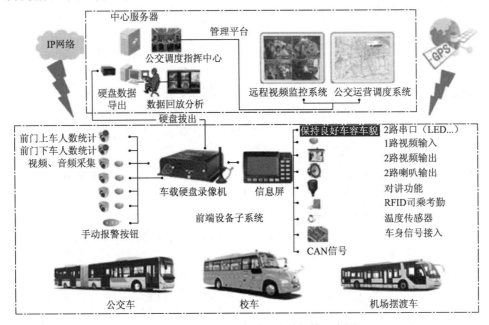

图 9-1　智能公交系统总体架构示意图

网络传输系统利用公共无线数字移动通信网络，将无线数据传输、卫星定位、短信调度信息、自动报站、手动辅助报站、LED 同步显示到站信息、定时回传、紧急报警、手动服务提示、视频监控、开关门报警、超速报警、远程设置参数、远程更新程序、驾驶人考勤管理、多线路切换、语音通话等功能有机地融合为一个整体，如图 9-2 所示。利用无线网络与中心管理平台进行信息交互，提供集成度更高的公交车载智能终端设备和公交监控调度中心平台进行通信。公交监控调度中心平台是智能公交系统的神经中枢，实时接收智能车载终端上传的车辆位置信息、营运信息、事件信息、短消息信息、进出站信息等公交业务类数据和信息，利用公交线路直线示意图和 GIS 地图技术能够实时了解公交车辆的实时位置信息，实时监控每条线路、每辆公交车的运行状态，并能够下发调度指令、排班计划、短消息内容等。能够远程获取车载硬盘录像机采集车内外监控音频和视频画面，实现对车辆环境的可视化监督和智能化管理。

车辆定位目前普遍采用全球定位系统（Global Position System，GPS）的定位方式。使用 GPS 技术定位，定位精度较高，要求移动终端安装 GPS 接收机，且要具备一定的计算处理功能。由于建设和使用 GPS 的费用较高，需要部署多个基站，且往往是基于中心调控、全局处理的，某段城市道路等的改建需要更新电子地图和相关基础设施的配置。而由于无线传感器结构简单、成本低廉，也可以大量部署在每辆公交车内用于定位，无线传感器网络是通过无线电波传送信息，因而不容易受到时间、天气和高层建筑物等因素的影响，在夜晚、大雾、大雨等能见度非常低的环境下，发挥出无线传感器的优势。无线传感器网络是一个自组织的网络，对于城市道路的改建，只要修改相关站点传感器的配置，不需要改变全局的配置。具有良好的扩展性，操作维护方便，传感器节点具有一定的数据处理能力，对于检测范围内的某些瞬时动态信息可以在本地处理，可以减少交通调度中心的处理任务。

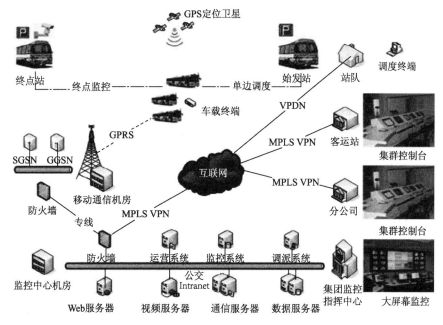

图 9-2　智能公交系统网络传输示意图

管理平台系统具有视频监控、GIS 监控、运营调度、数据统计等功能，把公交业务基础功能和视频监控功能合为一体，让公交企业的中心调度、监管人员能够实时地监视公交车辆运行情况、驾驶人行车规范和现场实时的画面情况，做到既有信息数据的交互，又有可视化的监管画面，有利于管理人员对车辆运营和事故现场做出合理而有效的决策。同时，管理平台在采集到公交车载终端上传的运行数据后，按照各种类型形成庞大的数据库，根据公交业务日、月、季度、年等形成各种类型的运营报表、行车日志、设备运行监控报表等，为公交企业管理人员提供了实时、准确的数据支撑，为后续的功能扩展和业务规划提供了有力的证据。

9.3　智能公交系统的功能和服务

智能公交系统需要通过对城区内公交车进行统一组织和调度，提供公交车辆的定位、线路跟踪、到站预测、电子站牌信息发布、油耗管理以及公交线路的调配和服务能力，实现区域人员集中管理、车辆集中停放、计划统一编制、调度统一指挥，人力、运力资源在更大的范围内的动态优化和配置，以降低公交运营成本，提高调度应变能力和乘客服务水平。

智能交通系统（ITS）对公交智能化的功能提出了以下功能要求：运用车载数据采集技术实现对运营车辆的监视；运用有效策略使晚点车辆恢复正常运营；运用当前的操作数据及其他数据来源编制运营管理计划；要求应答系统为乘客提供个人出行服务；提供安全协调监控与紧急救援服务系统的接口；综合运用历史数据及其他因素规定驾驶人和售票人员的活动；编制运营车辆的维修计划并为修理人员进行工作分配；可实现车内收费或路边收费；为乘客提供车辆运营消息及可达车辆信息。

智能公交系统的功能主要包括三大部分：首先是智能调度系统，包括运营管理、停车场管理及车辆管理、排班调度、车辆调度管理、班车路线管理、班车路线统计、指定线路行驶、驾驶员管理；其次是实时智能监控系统，包括车辆定位、监控调度、实时视频监控、超速报警、油量监控、客流量统计；最后是智能服务系统，包括站台电子系统、车载电子系统、自动语音报站、信息显示、交通信息、客服管理、网络及信息传输服务等。智能调度和实时监控系统是公交运营管理的核心系统，是指挥和协调其他系统正常运行的中枢，各系统之间存在着大量的信息交互，信息由数据中心统一管理和各子系统共享。

9.3.1 智能调度系统

智能调度系统是采用先进的智能调度算法，依据实时的交通状况、车辆行驶状况、载客状况，实现电子化的动态发车调度、应急调度、多线路调度、区域调度的公交智能调度管理系统，是集班次计划制订、配车排班编制、统计分析和决策分析于一体的综合性系统，涵盖现有的汽车、有轨电车、无轨电车、城市快轨等多种运输形式，通过车辆/人员班次排定算法能够实现任意天的班次、车辆、人员计划排定，能够实现对公交行业运营方面的事前计划、事后统计及分析，并能够与监控调度系统、IC卡票款收入系统、物资管理系统、车辆系统等多系统进行结合，实现多方位、多角度全面的运营业务管理。

9.3.2 智能监控系统

智能监控调度系统是利用 GPS 技术、无线通信技术及电子地图显示技术，通过统一的信息平台，实现对线路运营车辆、机动车辆、检修车辆动态位置的实时情况监控、地图显示、调度控制、双向通信、历史数据回放、车内视频监控等功能，从根本上提高调度指挥系统对运营状况的实时掌握与应变能力。

公交车上建立相对独立的监控、报警系统，利用无线网络进行传输，将各个独立的子系统接入到监控管理平台中。智能车载终端设备采用了视频解压缩、GPS 定位和物联网等多种先进技术，可实现位置监控、视频监控、智能调度本地录像存储、网络视频传输、射频卡数据采集和传输、车辆运行信息采集和传输、GPS 自动报站和位置提醒等功能，并支持视频丢失、硬盘故障等故障报警和上传功能，实现设备和系统维护的智能化。

系统具有可视化调度指挥和现场的营运数据采集功能，采集的数据包括线路营运数据和考勤、加油、维修、保养、包车、故障和其他非营运数据，自动生成电子路单。调度人员可登录车辆监控调度系统，根据调度系统中监控到的车辆信息，施行实时合理的调度指挥，同时调度人员可通过 GIS 监控或 Web 监控，实时监控所有车辆的地理位置，查看实时路况；并可与驾驶人进行语音通话，实时传回视频监控画面。通过调度模拟图可以直观地展现线路运营状况，根据实际运营需要，调度员可根据现场调度的实际情况来发车，下发调度计划给驾驶人，并实时生成各种运营统计数据表。

另外，根据公交各部门管理的职责不同，可以划分不同层次的交通监控平台。交管部门可以通过系统分级接入，对各公交公司进行视频监控、录像调取查询，并采用在线观看等方式进行实时监督管理。图 9-3 所示为五层级的交通监控平台。

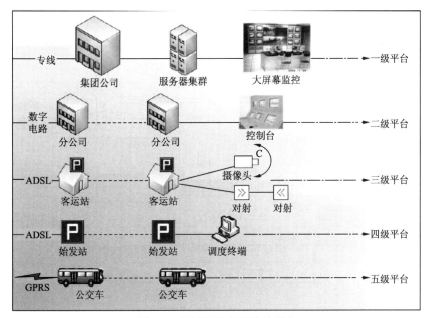

图 9-3　五层级的交通监控平台

（1）一级平台：大屏幕监控、事件升级处理、紧急重大事件的处理、投诉与服务中心。 为了对整个公交系统运营状况做到全面的实时了解监控，需要对异常情况进行报警提示，更好地应对突发情况，监控和统一调度多种类型的公交线路，有效实现资源的充分整合，从而进一步提升集团公交系统的运营效率和服务水平。

（2）二级平台：视频安防监控系统、一般事件的处理、下属客运站终点站以及线路的调度管理。能够及时处理一般性的突发事件，不能处理的事件能及时地升级到一级平台。能及时准确地调配下级资源，并能对其进行有序的管理。对下属的客运站进行视频和安防监控，能够对安全事件做出快速反应，并具有存储视频资料的能力。

（3）三级平台：对客运站进行视频安防监控、执行分公司下达的各项命令。对所属线路合理地进行车辆调配、车辆运营、维护、加油、保养、出库、入库等管理。

（4）四级平台：对车辆进行职能化运营与调度、配车排班、订车名单、调度日志、电子路单管理、运营日报管理，以及实施调度发车管理。

（5）五级平台：驾驶人的配车排班查询，运营公里、空驶、前行、欠行等电子路单管理，智能车载设备的应用。

9.3.3　智能服务系统

智能交通是一个基于现代电子信息技术面向交通运输的服务系统。它的突出特点是以

信息汇报灾害预警

信息的收集、处理、发布、交换、分析、利用为主线，为交通参与者提供多样性的服务。

智能公交系统从实现服务功能方面来说就是城市交通诱导系统，由交通信息采集平台、交通数据综合处理平台和交通信息动态发布平台组成，交通诱导系统的系统架构图如图 9-4 所示。该系统功能主要由四部分组成：交通信息采集子系统、交通数据综合处理平台、视频监控交换平台、通信系统，如图 9-5 所示。

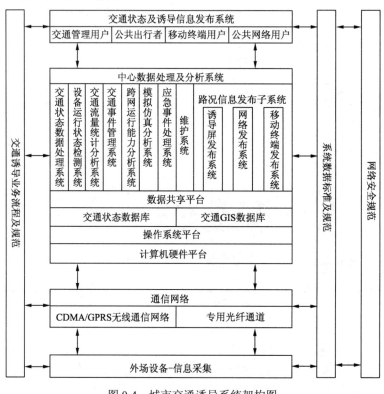

图 9-4 城市交通诱导系统架构图

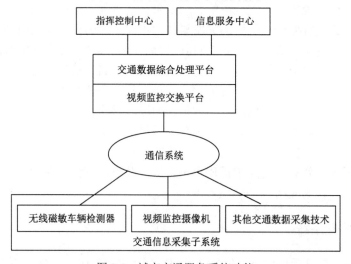

图 9-5 城市交通服务系统功能

1．交通信息采集子系统

交通信息采集系统被认为是 ITS 的关键子系统，是发展 ITS 的基础，已成为交通智能化的前提。无论是交通控制还是交通违章管理系统，都涉及交通动态信息的采集，交通动态信息采集也就成为交通智能化的首要任务。

交通信息采集包括实时交通参数的采集和交通事件的采集，实时交通参数（流量、占有率、平均车速）采集主要通过各类车辆检测器实时采集道路上通行车辆的流量、占有率和平均车速等交通负荷数据；交通事件主要包括交通事故、道路施工、车辆抛锚等引起的交通拥堵事件，以及重大活动时的交通管制及保卫措施。交通拥堵事件可通过专用的交通事件检测设备或人工进行采集，交通管制及保卫事件可由人工输入到交通诱导系统的事件库中。

交通数据采集子系统主要负责采集实时交通参数和视频图像信息，并按一定的格式进行预处理。基于光纤和电缆以及无线的网络通信系统为完成交通信息采集设备、交通信息发布设备与地面道路交通数据综合处理平台以及摄像机与道路交通视频监视系统的视频图像信息交换控制平台之间的互联建立通信信道。

交通信息采集常用的技术有环形线圈、微波、视频、磁敏、超声波等几种探测技术。采集的交通数据信息主要有交通车流量、高峰流量、5 分钟流量、占有率、饱和度、拥堵程度、行程时间和行驶速度等，通过网络传输连接到汇集层网络系统，进而连接到核心层应用子系统数据库，实现交通信息的采集，如图 9-6 所示。

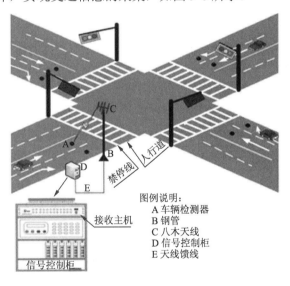

图 9-6　交通信息采集

环形线圈车辆检测器是一种基于电磁感应原理的车辆检测器，由三部分组成：埋设在路面下的环形线圈传感器、信号检测处理单元（包括检测信号放大单元、数据处理单元）和通信接口及馈线。环形线圈传感器是一个埋在路面下，通有一定工作电流的环形线圈（一般为 2 m×1.5 m），当车辆通过环形地埋线圈或停在环形地埋线圈上时，车辆自身铁质切割磁通线，引起线圈回路电感量的变化。检测器通过检测该电感变化量就可以检测出车辆的通过或存在。检测这个电感变化量一般来说有两种方式：一种是利用相位锁存器和相位比较器，对相位的变化进行检测；另一种方式则是利用由环形地埋线圈构成回路的耦合电路对其振荡频率进行检测。

环形线圈检测器是传统的交通流检测器，是目前世界上应用最广泛的检测设备。其主要特点是工作稳定、检测精度高，如图 9-7 所示。

图 9-7　环形地感线圈

微波车辆检测器（RTMS）是波频车辆检测器的一种，它是一种价格低、性能优越的交通检测器，可广泛应用于城市道路和高速公路的交通信息检测。

微波车辆检测器的工作方式是：采用侧挂式，在扇形区域内发射连续的低功率调制微波，并在路面上留下一条长长的投影。RTMS 以 2 m 为一"层"，将投影分割为 32 层。用户可将检测区域定义为一层或多层。RTMS 根据被检测目标返回的回波，测算出目标的交通信息，每隔一段时间通过 RS-232 向控制中心发送。它的车速检测原理是：根据特定区域的所有车型假定一个固定的车长，通过感应投影区域内车辆的进入与离开、经历的时间来计算车速。一台 RTMS 侧挂可同时检测 8 个车道的车流量、道路占有率和车速。

微波车辆检测器（RTMS）的测量方式在车型单一、车流稳定、车速分布均匀的道路上准确度较高，但是在车流拥堵以及大型车较多、车型分布不均匀的路段，由于遮挡，测量精度会受到比较大的影响。另外，微波检测器要求离最近车道有 3 m 的空间，如要检测 8 车道，离最近车道也需要 7~9 m 的距离，而且安装高度达到要求。因此，在桥梁、立交、高架路的安装会受到限制，安装困难，价格也比较昂贵。

视频车辆检测器是通过视频摄像机作传感器，在视频范围内设置虚拟线圈，即检测区，车辆进入检测区时使背景灰度值发生变化，从而得知车辆的存在，并以此检测车辆的流量和速度。检测器可安装在车道的上方和侧面，与传统的交通信息采集技术相比，交通视频检测技术可提供现场的视频图像，可根据需要移动检测线圈，具有直观可靠，安装调试维护方便，价格便宜等优点。其缺点是容易受恶劣天气、灯光、阴影等环境因素的影响，汽车的动态阴影也会带来干扰，受恶劣天气影响，正确检测率下降，甚至无法检测。受灯光、阴影等环境因素的影响，误检率也大幅上升。

磁敏检测器是一种通过磁敏传感器探测车辆对地磁的影响，以此来判断车道上车辆经过情况的无线传感器网络装置。通过这种装置可实时准确地感应车道上经过的车辆，并将采集到的信息通过无线传感器网络发送至与之配套使用的接收主机，完成智能红绿灯控制的前端信息采集。接收主机再把相关信息传送给信号控制机，信号控制机通过获取的车流量信息来分析当前车道的占有率，从而智能分配红绿灯的开启时间，达到真正的智能控制效果。

磁敏传感器中霍尔元件及霍尔传感器的生产量是最大的。它主要用于无刷直流电动机（霍尔电动机）中，这种电动机用于磁带录音机、录像机、XY 记录仪、打印机、电唱机及仪器中的通风风扇等。另外，霍尔元件及霍尔传感器还用于测转速、流量、流速及利用它制成高斯计、电流计、功率计等仪器。磁阻传感器、磁敏二极管等是继霍尔传

感器后派生出的另一种磁敏传感器。采用的半导体材料
于霍尔大体相同。但这种传感器对磁场的作用机理不
同，传感器内载流子运动方向与被检磁场在一平面内。
在制造霍尔器件时应努力减少磁阻效应的影响，而制造
磁阻器件时努力避免霍尔效应，如图9-8所示。

图 9-8　磁敏感传感器

超声波是一种频率高于 20 000 Hz（赫兹）的声波，
它的方向性好，反射能力强，易于获得较集中的声能，
在水中传播距离比空气中远，可用于测距、测速、清洗、
焊接、碎石、杀菌、消毒等，在医学、军事、工业、农业上有很多应用。

超声波检测器是指通过向路面发射超声波脉冲和接收反射波来识别车辆的装置。由
悬挂在车道上方一定距离的检测器，通过换能器向下方的车道发射超声波脉冲，再通过
接收从车辆或地面的反射波，根据反射波返回时间的差别，判断有无车辆通过或存在，
如图 9-9 所示。

图 9-9　超声波检测

2．交通数据综合处理

交通数据综合处理平台主要负责将接收到的预处理数据进一步进行处理、分析、融
合，完成交通信息的整理、存储和发布，并将中心区地面道路交通数据采集系统接入城
市交通信息服务中心和指挥控制中心，通过信息服务中心能与其他应用子系统进行交通
信息共享，并为交通管理人员提供与系统的接口界面，对外提供交通信息共享。为此，
在系统构架中，道路交通信息采集系统以道路交通数据综合处理平台为核心，完成所要
求的各项功能。

道路视频监控平台要完成实时路况的生成、交通事件的生成，通过对采集的实时交
通参数进行处理，生成路网中各路段的实时交通状态并保存在实时交通状态数据库中，
一般分成畅通、缓慢和拥堵 3 个等级，也可根据实时交通参数（流量、占有率、平均车
速）根据一定的事件判定算法生成交通拥堵事件；交通事件也可由专用的交通事件采集
设备生成或人工输入到交通事件数据库中。

该平台还应具有统计报表功能，除了可以查询统计在智能调度管理系统中生成的各
种营运数据，还可以生成各分公司、线路、单车、单人的每天、每月或任意时间段营运
数据及收入数据的统计报表，满足了公交企业的业务需求。

3．交通信息发布

交通信息发布子系统主要负责将融合后的结果数据转化为相应的交通信息，以不同的方式发布，以向交通参与者提供各种交通信息。

根据城市路网的交通流分布特征，制定常发性交通堵塞及突发交通事件时的交通流组织及疏导预案，针对不同的系统用户设计不同的信息发布应用软件。一般包括以下几种发布方式：

（1）交通诱导屏：交通诱导信息屏主要对出行车辆进行群体性交通诱导，由出行车辆根据诱导信息自主选择出行路径。采用绿、黄、红分别表示路段畅通、拥挤、堵塞，这种显示屏主要用于显示实时交通路况，由行车人员根据实时路况选择出行路径，系统并不给出具体的路径选择，一般以红色路段表示拥堵，黄色路段表示缓慢，绿色路段表示畅通。还可以在嵌入的图文 LED 显示区域上显示以下信息：

- 前方路段发生的交通事件提示：事故、施工、交通管制等。
- 到达前方重要目的地的最佳路径及预计行程时间，如体育场馆、风景区等。
- 交通安全宣传等公共信息显示。可以滚动显示交通事件、重要目的地最佳路径及交通安全宣传等公共信息。

（2）面向车载和移动终端的信息发布：通过移动终端发布实时路况及实时交通事件信息。还可结合车载导航系统，为车辆提供更为先进、复杂的动态交通诱导服务。

（3）面向公共网络用户的发布：可以通过公共网络平台以 GIS+实时交通状态+实时交通事件的形式发布城市路网的实时交通状态。

交通信息发布设备直接接入综合处理平台，接受综合处理平台控制。发布信息数据库和信息发布控制器的功能和任务都在道路交通数据综合平台中实现。由于发布子系统是发展最快、要求人工智能（专家决策系统等）支持的应用子系统，其应用软件对系统的处理要求会很快增长。它需要有效的扩展手段：如增设应用服务器、应用服务器扩容、访问数据库速度和数据量的扩展，以及应用软件之间通信强度增加等。

9.4　沙盘中智能公交控制系统

沙盘中主要是公交智能小车与物联网网关之间通信、物联网网关与智能公交控制节点两者之间进行通信。沙盘中有两个公交站牌，对应有两个智能公交控制节点，公交小车首先将自己的位置信息上报给物联网网关，网关根据该公交车位置信息进行计算公交车与两个站台之间的距离，并发送给两个智能公交控制节点，两个智能公交控制节点将该信息显示在对应的公交显示屏上，如图 9-10 和图 9-11 所示。

图 9-10　智能公交车相关节点和物联网网关

图 9-11　公交站台显示

9.4.1　公交站牌模块

该串口屏采用异步、全双工串口（UART），串口模式为 8n1，即每个数据传送采用 10 个位：1 个起始位，8 个数据位（低位在前传送，LSB），1 个停止位。上电默认串口波特率为 115 200Bd。

1．数据帧架构

该串口数据帧格式如表 9-1 所示。

表 9-1　公交站牌数据帧格式

数据块	1	2	3	4	5
举例	0xAA	0x70	0x01	Check_H:L	0xCC0x330xC30x3C
说明	帧头	指令	数据，最多 248 字节	2 字节累加校验(可选)	帧结束符

2．字节传送顺序

该屏的所有指令或者数据都是十六进制（HEX）格式；对于字型（2 字节）数据，总是采用高字节先传送（MSB）方式。例如，x 坐标为 100，其 HEX 格式数据为 0x0064，传送给串口屏时，传送顺序为 0x00 0x64。表 9-2 所示为是沙盘所使用的指令表。

表 9-2　沙盘使用的指令表

类　　别	指　　令	说　　明
显示参数配置	0x40	设置调色板
文本显示	0x55	32×32 点阵 GB2312 内码字符显示
	Ox6f	24×24 点阵 GB2312 内码字符显示
区域操作	0x52	清屏

（1）设置当前调色板（0x40）：可简单地理解为设置背景颜色和字体颜色。

TX：AA 40 <FC><BC> CC 33 C3 3C。

RX：无。

<FC>前景色调色板，2 字节（16bit，65K color），复位默认值是 0xFFFF（白色）。

<BC>背景色调色板，2 字节（16bit，65K color），复位默认值是 0x001F（蓝色）。

（2）全屏清屏（0x52）：

TX：AA 52 CC 33 C3 3C。

RX：无。

使用背景色（0x40 指令设定）把全屏填充（清屏）。

（3）文本显示（0x53,0x54,0x55,0x6e,0x6f,0x98,0x45）：

标准字库显示（0x53,0x54,0x55,0x6e,0x6f）

TX：AA <CMD><X><Y><String> CC 33 C3 3C

RX：无

<CMD>

0x52：显示 8×8 点阵 ASCII 字符串。

0x54：显示 16×16 点阵的扩展汉字字符串（ASCII 字符以半角 8×16 点阵显示）。

0x55：显示 32×32 点阵的内码汉字字符串（ASCII 字符以半角 16×32 点阵显示）。

0x6e：显示 12×12 点阵的扩展汉字字符串（ASCII 字符以半角 6×16 点阵显示）。

0x6f：显示 24×24 点阵的内码汉字字符串（ASCII 字符以半角 12×24 点阵显示）。

<X><Y>显示字符串的起始位置（第一个字符在左上角坐标位置）<String>要显示的字符串，汉字采用 GB2312（0x55,0x6F:内码）或者 GBK（0x54,0x6e,内码扩展）编码，显示颜色由 0x40 指令设置，显示字符间距由 0x41 指令设置，遇到行末会自动换行。0x0D,0x0A 被处理成"回车和换行"。

举例：

AA 55 00 80 00 30 48 6F 77 20 61 72 65 20 79 6F 75 20 3F CC 33 C3 3C

从（128，48）位置开始显示字符串"How are you？"。

下面是程序内 main()函数的源码及分析：

```
Void main(void)
{
    LCD_Init();                              //LCD 初始化函数
    Delay_Ms(300);
    SetColor(WHITE,BLUE);                    //前景色为白色，背景色为蓝色
    ClearAll();
    ShowStr(ONE,90,10,"联创中控公交站牌实验");   //从（90,10）位置开始显示字符串
                                             // "联创中控公交站牌实验"
    While(1)
}
```

9.4.2 智能网关与公交车控制节点通信

物联网网关定期发送公交车的信息给公交控制节点模块。将公交车距离反馈给公交控制节点，公交控制节点将距离显示在显示屏上。物联网网关根据公交车上报的位置来统计其和公交站牌之间的距离。表 9-3 为物联网网关与公交控制节点之间的通信协议格式。表 9-4 和表 9-5 分别是发送和接收的数据帧格式。

表 9-3　通信协议格式

参 数 标 志	值	属 性	数 据	备　　注
车辆信息	0x11	W	2 字节	第 1 个字节：车辆 ID； 第 2 个字节：剩余距离（公里）

表 9-4　物联网网关发送的数据帧格式

FFFE	20	01	03	01	11　03　03	SUM
协议帧头	公交节点地址	网关地址	数据位长度	指令类型	数据位：11 为参数标识，03 为距离值	校验和

表 9-5　公交控制节点返回的数据帧格式

FFFE	01	20	01	00	01	11	SUM
协议帧头	目标地址	自身地址	数据位长度	通信错误	指令类型	参数值	校验和

例如，网关下发信息，3 号车辆距离 3 公里。

发送：FF FE 20 01 03 01 11 03 03 SUM。

返回：FF FE 01 20 01 00 01 11 SUM。

实 验 项 目

实验1 智能车系统控制

1. 实验目的

智能小车实验
设备连接方法

该实验主要是通过研究智能小车的基本构造和控制系统软件基本功能，针对智能小车的软、硬件设计，编写程序对智能小车的前进、后退、转向、避障、运行轨迹等进行设计。

2. 实验内容

通过 Keil 软件控制智能小车的运行方式。

（1）要求能够通过 Keil 软件设置智能小车按照固定路线运行。

（2）要求能够通过 Keil 软件设置智能小车绕开障碍物。

（3）要求能够通过 Keil 软件设置智能小车按照规划的路线沿磁导航运行。

3. 实验步骤、数据记录及处理

（1）写出系统所需要的硬件设备及其功能及连接方法。

（2）写出相应的软件配置。

（3）画出程序流程图及编写程序并测试。

4. 运行效果

（1）小车按照固定路线运行：按照地面路线运行，转一圈之后回到起始点。

（2）小车绕开障碍物：小车前进过程中识别到障碍物，启动避障机制，成功绕开障碍物。

（3）小车按照规划的路线沿磁导航运行：遇到磁条下的 RFID 标签进行识别并按照规定进行转向，无磁导航时小车停止运行。

实验2 智能停车场系统控制

1. 实验目的

该实验主要是通过了解停车场的设计框架，针对城市停车场系统的软、硬件设计，激发学生创新思维对车牌识别系统、停车场的显示屏、扣费系统，以及停车诱导系统进行设计。

2. 实验内容

通过对智能小车程序的编程操作以及模拟设计停车场来理解智能停车场的控制过程。

（1）要求 PC 能够通过 ZigBee 与智能小车相互通信，并能获取智能小车位置信息。

（2）要求通过编写的串口程序与智能小车进行通信。

（3）要求通过串口程序实现模拟停车场环境下的智能小车与实物智能小车同步运行。

3．实验步骤、数据记录及处理

（1）写出系统所需要的硬件设备及其功能和连接方法。

（2）写出相应的软件配置。

（3）画出程序流程图及编写程序并进行测试。

4．运行效果

（1）要求 PC 能够通过 ZigBee 与智能小车相互通信，并能获取智能小车位置信息。

（2）要求在模拟环境下能够通过编写的串口程序与智能小车进行通信。

（3）要求通过串口程序实现模拟停车场环境下的小车与实物智能小车同步运行。

实验 3　智能交通灯系统控制

1．实验目的

该实验主要是通过了解智能交通灯的设计原理，针对城市交通灯系统的软、硬件设计，激发学生创新思维对交通灯控制系统以及车流量监督等进行设计。

2．实验内容

通过对智能小车程序的编程操作以及模拟设计交通灯来理解智能交通灯的控制过程。

（1）要求智能小车通过 RFID 完成写卡程序，并通过 ZigBee 将卡片信息发送至 PC。

（2）要求通过相关软件模拟智能小车通过十字路口红绿灯的过程。

（3）要求通过编写串口程序实现实物智能小车与模拟软件十字路口中的小车同步运行。

3．实验步骤、数据记录及处理

（1）写出系统所需要的硬件设备及其功能和连接方法。

（2）写出相应的软件配置。

（3）画出程序流程图，编写程序，并进行测试。

4．运行效果

（1）模拟智能小车通过十字路口红绿灯的全过程效果。

（2）查看智能小车与相关软件模拟的十字路口中的小车同步运行效果。

实验 4　物联网网关系统控制

1．实验目的

该实验主要是通过了解物联网网关的通信原理，编写物联网网关对智能小车进行控制的程序。

2．实验内容

通过对物联网网关进行编程来理解物联网网关控制智能小车的过程。

（1）要求对模拟的信号灯和停车场程序进行合并，使得智能小车与模拟场景中的小车同步运行。

（2）要求通过 Andriod 平台控制智能小车前进、后退、左转、右转和停止。

（3）要求通过 Andriod 平台模拟运行物联网网关程序并下载在手机上。

3．实验步骤、数据记录及处理

（1）写出系统所需要的硬件设备及其连接方法。

（2）写出相应的软件配置。

（3）画出程序流程图，编写程序，并进行测试。

4．运行效果

（1）查看智能小车与模拟场景中小车同步运行效果。

（2）查看物联网网关控制智能小车前进、后退、左转、右转和停止的效果。

（3）运行物联网网关控制程序并下载在手机端的效果。

附录 A　Keil 软件环境创建工程

1．Keil 软件安装

双击 MDK531.exe，进入安装界面，根据提示单击 Next 按钮，如图 A-1 所示。

图 A-1　Keil 安装界面

2．创建一个新工程

（1）单击桌面上的 Keil μVision5 快捷方式，出现加载界面，并进入主界面，如图 A-2、图 A-3 所示。

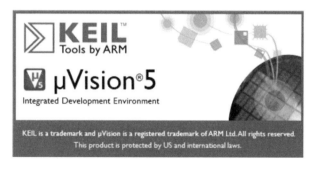

图 A-2　加载界面

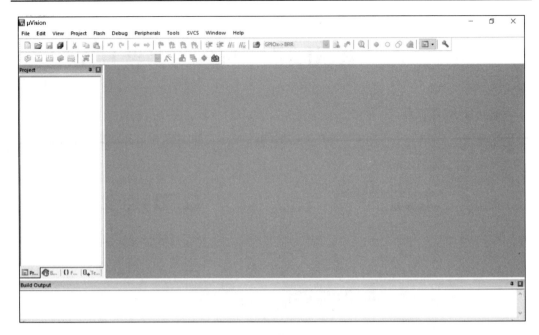

图 A-3　Keil 软件主界面

（2）选择 Project→New μVision Project 命令，新建工程，如图 A-4 所示。

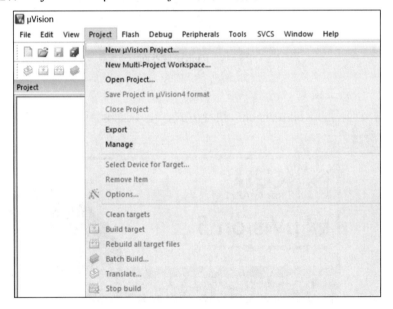

图 A-4　新建工程

（3）将工程保存到桌面→test，命名为 test，图 A-5 所示。

（4）打开芯片选择对话框，如图 A-6 所示。

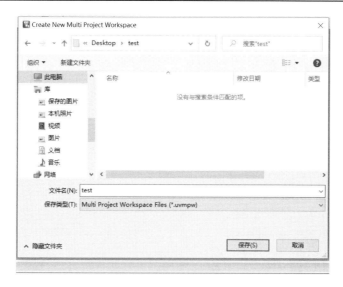

图 A-5　保存工程

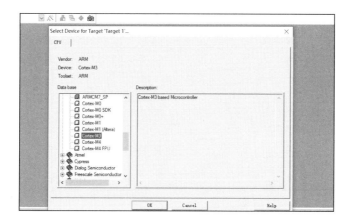

图 A-6　打开芯片选择对话框

（5）这里选择 STM32F103C8 芯片，如图 A-7 所示。

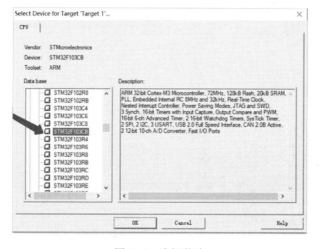

图 A-7　选择芯片

（6）在打开的对话框中单击 OK 按钮完成工程创建，如图 A-8 所示。

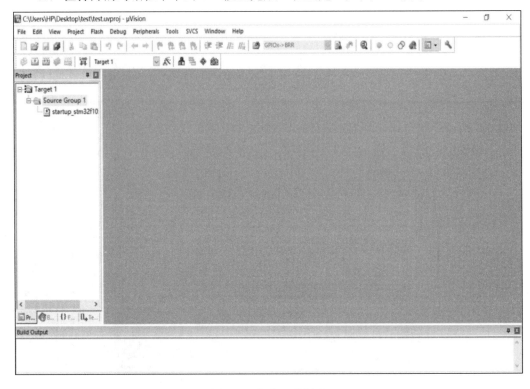

图 A-8　完成工程创建

（7）以智能小车简单运行工程为例，讲述 Keil5 如何设置和编译工程中的文件，如图 A-9 所示。

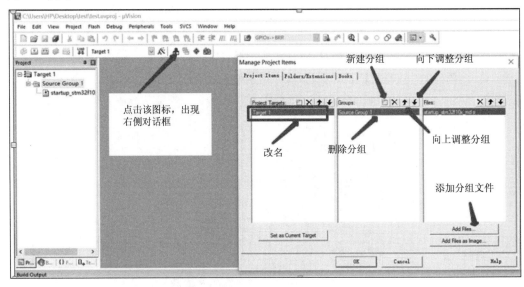

图 A-9　设置和编译工程中的文件

　　本书电子资源提供该工程目录下所需要的代码，包含 User 目录下的 main.c、stm32f10x_it.c、Delay.c、Motor.c 四个.c 文件以及 readme.txt 文件；STM32F10x_ StdPeriph_Driver 目录下 inc 子目录和 src 子目录以及这些目录下的.c 和.h 文件。CM3 目录下两个子目录 CoreSupport 和 DeviceSupport 下所有文件以及这些目录下的.c 和.h 文件。

　　双击 Target1 可以对其进行改名；双击 Source Group1 改名为 User，然后单击添加组添加 4 个组，分别为 StdPeriph_Driver、CM3、StartUp、Readme。

　　选中 User 然后单击 Files 框架下的 AddFiles，添加\test\User 下的 main.c、stm32f10x_it.c、Delay.c、Motor.c 四个.c 文件。

　　StdPeriph_Driver 中添加\test\STM32F10x_StdPeriph_Driver\src 文件下的.c 文件，选择工程中可能用到的库函数，也可全部加进去，这样肯定不会漏加，但是编译时间会增长，因为在编译生成时要对每一个文件都进行操作。本工程需要添加 stm32f10x_usart.c、stm32f10x_gpio.c、stm32f10x_rcc.c、stm32f10x_misc.c、stm32f10x_exit.c、stm32f10x_tim.c 六个常用的库函数文件。

　　CM3 中添加\test\CM3 如下两个 C 文件：一个是\test\CM3\CoreSupport\ core_cm3.c；另一个是\test\CM3\DeviceSupport\ST\STM32F10X\system_stm32f10x.c。

　　（8）在 StartUp 中添加 test\CM3\\test\CM3\DeviceSupport\ST\STM32F10X \startup \arm 下的 startup_stm32f10x_hd.s 文件，如图 A-10 所示。这是根据 MCU 的型号选择的。需要注意的是，这里是从 arm 目录下加入这个文件。

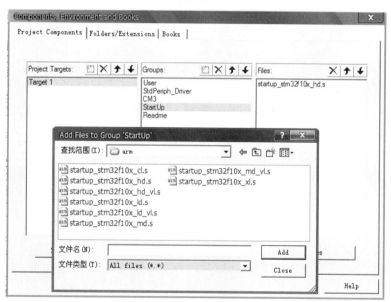

图 A-10　添加 startup_stm32f10x_hd.s 文件

　　（9）在 Readme 中添加 test\User\Readme.text，如图 A-11 所示。

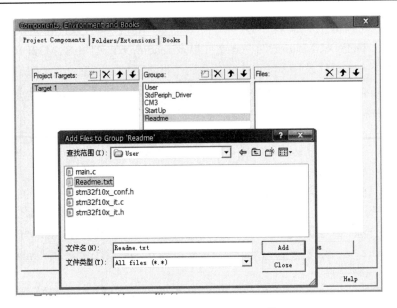

图 A-11　添加 Readme.text 文件

（10）单击 Add 按钮，完成文件添加，Keil 主界面 Project 窗口中会显示新添加的文件，如图 A-12 所示。

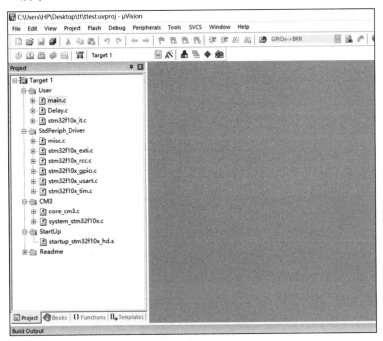

图 A-12　完成文件添加

（11）选择 Project→Option for target 命令，在打开的对话框中选择 Output 选项卡，选中 Creat Hex Files 复选框，如图 A-13 所示。

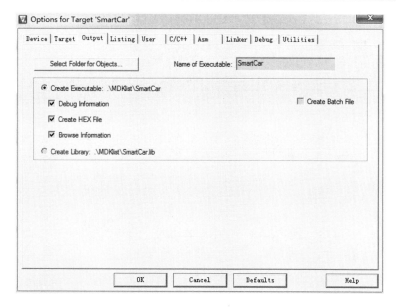

图 A-13　Output 选项卡

（12）单击Select Folder for Objects 按钮，在当前工程目录下建立新文件夹 MDK，并建立 Obj 和 List 文件夹，然后选择 Obj 文件夹，单击 OK 按钮完成设置。

图 A-14　建立文件夹

（13）切换到 Listing 选项卡，单击 Select Folder for Listings 按钮，在打开的对话框中选择 List 文件夹，然后单击 OK 按钮，完成对 Listing 文件夹的设置，如图 A-15 所示。

图 A-15　设置 Listing 文件夹

（14）切换到 C/C++选项卡，在 Define 文本框中输入 USE_STDPERIPH_ DRIVER，STM32F10X_HD，如图 A-16 所示。

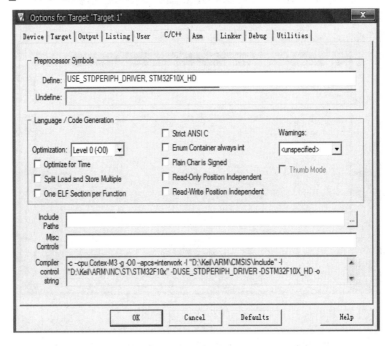

图 A-16　C/C++选项卡

其中，USE_STDPERIPH_DRIVER 定义了外设库的使用；而 STM32F10X_HD 定义了大容量的 STM32MCU，这是根据 StartUp 中添加的文件来决定的。

（15）设置头文件路径，单击窗口下方 Include Paths 后面的按钮，如图 A-17 所示。

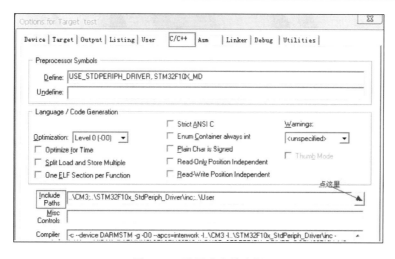

图 A-17 设置头文件路径

（16）在打开的对话框中，单击"新建"按钮，如图 A-18 所示。

图 A-18 新建路径

（17）单击浏览按钮选择头文件目录，如图 A-19 所示。

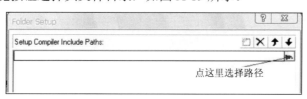

图 A-19 选择头文件目录

（18）这里添加这 3 个目录：\test\STM32F10x_StdPeriph_Driver\inc、\test\CM3、\test\User，这 3 个目录包含了所有需要的头文件，如图 A-20 所示。

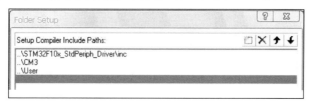

图 A-20 添加 3 个目录

（19）切换到 Debug 选项卡，如图 A-21 所示。

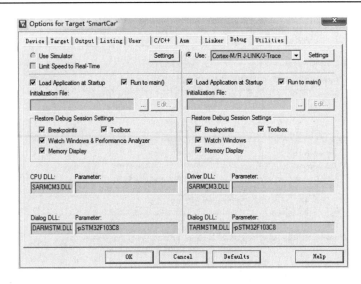

图 A-21　Debug 选项卡（一）

（20）如果软件仿真则选择 Use Simulator，而实际工程都是用仿真器进行仿真，可以选择 J-link 或者 ST-Link 进行仿真，所以这里选择右侧的 Cortex-M/R J-link/Jtrace，并且选中 Run to main()复选框。单击 Settings 按钮，打开如图 A-22 所示对话框。

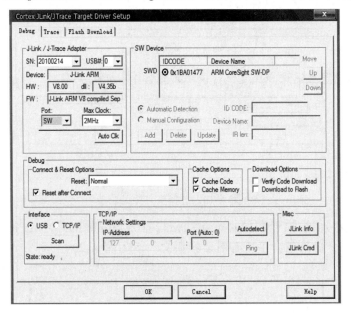

图 A-22　Debug 选项卡（二）

Port 选项下有两种连接下载方式：SW 和 JTAG，这里选择 SW 方式。Max Clock 表示程序下载时的最快速度，这里保持默认设置。

（21）然后切换到 Linker 选项卡，在 Misc controls 列表框中输入"--entry Reset_Handler --first __Vectors"，然后单击 OK 按钮，完成对 Linker 选项卡的设置，如图 A-23 所示。

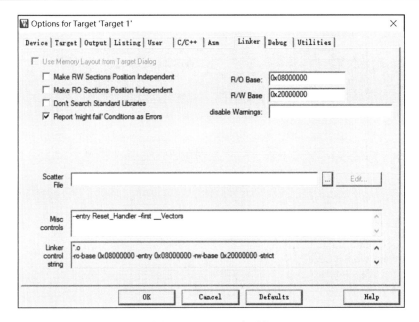

图 A-23   Linker 选项卡

（22）切换到 Utilities 选项卡，在 Use Target Driver for Flash Programming 下拉列表框中，选择 Cortex-M/R J-link/Jtrace，如图 A-24 所示。

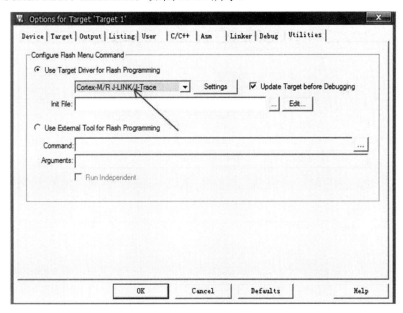

图 A-24   Utilities 选项卡

（23）单击旁边的 settings 按钮，打开如图 A-25 所示对话框。

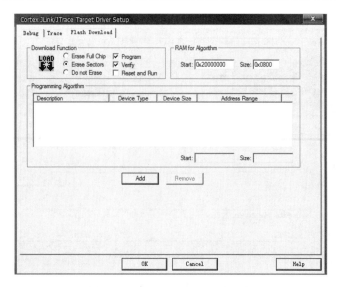

图 A-25　Flash Download 选项卡

（24）单击 Add 按钮，在打开的对话框中选择 STM32F10x Higth-density Flash，512k，单击 Add 按钮完成添加，如图 A-26 所示。

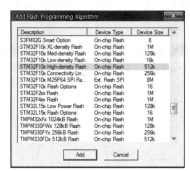

图 A-26　Add Flash Programming Algorithm 对话框

（25）选择 Project→Manage→Components,Environment Books(CEB)命令，如图 A-27 所示。

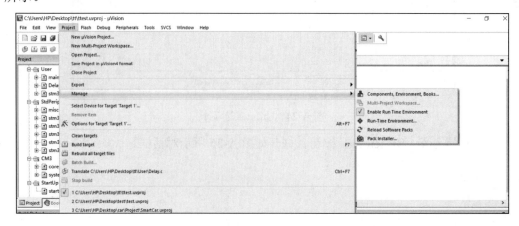

图 A-27　选择 Project→Manage 中的命令

（26）在 Manage Project Items 中选择 Folders/Extensions 选项卡，在 RealView Folder 中选择 Keil 安装目录下的 C:\Keil\ARM\ARMCC\bin，单击 OK 按钮，如图 A-28 所示。

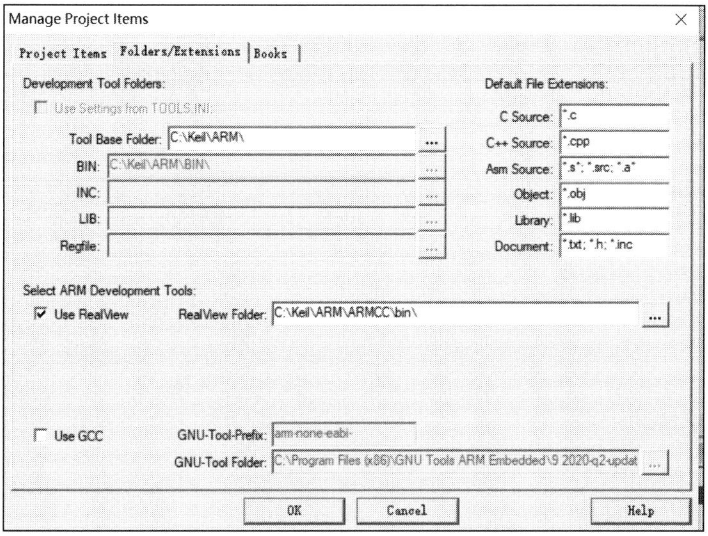

图 A-28　Folders/Extensions 选项卡

（27）单击工程选项设置中的 OK 按钮，完成选项设置，接着选择 Project→Build target 命令就可以编译通过，如图 A-29 所示。这是完整地建立工程的流程，可以把这个工程保存一份作为模版，以后再建立工程时，只需要修改芯片类型，对其他参数稍作修改即可。

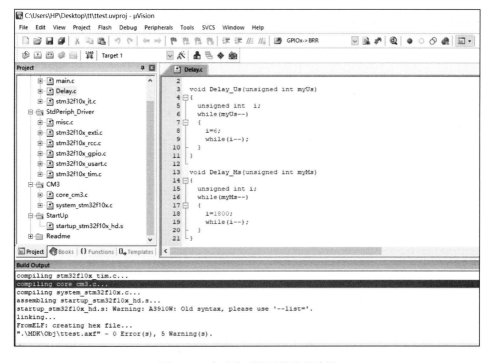

图 A-29　完成选项设置并进行编译

附录 B　智能小车软件下载方法

下载方法有两种：一种是通过 Keil 软件下载；另一种是通过 ST-LINK Utility 软件下载。

1．通过 Keil 软件下载

（1）打开 Keil，选择 Flash→Configure Flash Tools 命令，如图 B-1 所示。

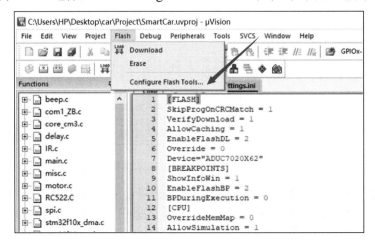

图 B-1　选择 Configure Flash Tools 命令

（2）在打开对话框的 Output 选项卡中选中 Create Executable 下的 3 个复选框，在 Name of Executable 文本框中输入烧录的.hex 文件，如图 B-2 所示

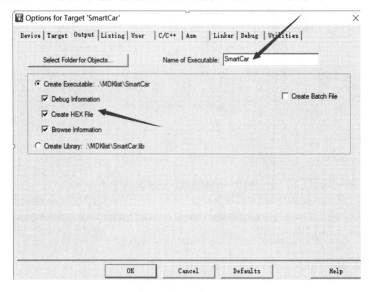

图 B-2　Output 选项卡

（3）在 Debug 选项卡的 Use 中选择 ST-Link Debugger，单右边的 Setting 按钮（见

图 B-3），在 Port 中选择 SW，如图 B-4 所示。

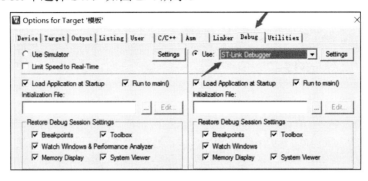

图 B-3　Debug 选项卡

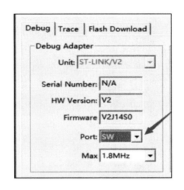

图 B-4　设置 Port

（4）进入 Utilities→Settings，单击 Add 按钮，选择合适的地址空间，单击 LOAD 就可以下载，如图 B-5 所示。

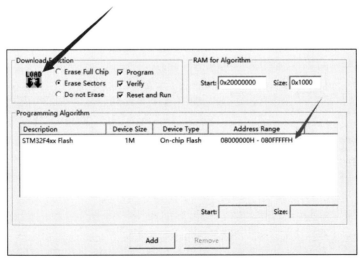

图 B-5　下载软件

2．通过 ST-LINK Utility 软件下载

（1）安装 STM32 ST-LINK Utility 软件，官方下载地址：http://www.st.com/content/st_

com/en/products/embedded-software/development-tool-software/stsw-link004.html，安装好软件之后的界面如图 B-6 所示。

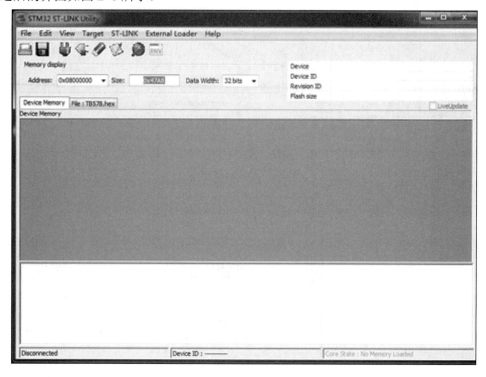

图 B-6　STM32 ST-LINK Utility 主界面

（2）菜单栏中第三个图标表示 Connect to the target，这个图标用来连接器件，在硬件连接正确的情况下，会读出器件的 ID 号，以及一些其他信息，如图 B-7 的所示。

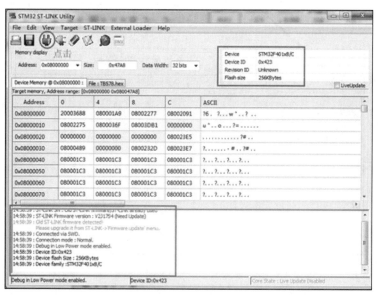

图 B-7　读出器件 ID 号及其他信息

（3）菜单栏中第一个图标表示打开文件，单击这个图标，打开要下载的 HEX 文件，就是打开一个程序后软件出现的代码，如图 B-8 所示。

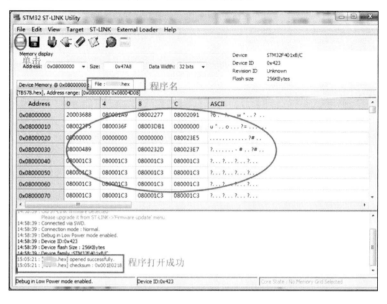

图 B-8　打开要下载的文件

（4）菜单栏中第六个图标表示核实程序，单击后会弹出一个窗口，采用默认配置，不用修改，直接单击 Start 按钮就可以直接下载，如图 B-9 所示。

图 B-9　核实并下载程序

程序下载成功后如图 B-10 所示。

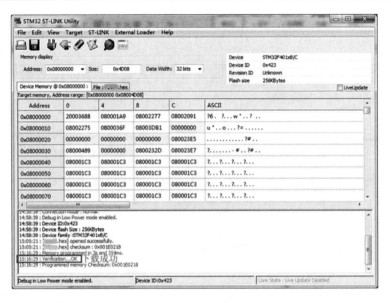

图 B-10　程序下载成功

附录 C　Qt 软件环境搭建

系统采用 Qt5.6.0 版本进行开发。

1．Qt 下载

进入 Qt 官网 https://www.qt.io/download/z 选择开源版本的 Qt 下载，进入下载页面，选择 qt-opensource-windows-x86-msvc2015_64-5.6.0.exe 文件下载，这里选择搭配 64 位 VS 2015 环境的 Qt5.6.0 源文件。

2．Qt 安装

双击已经下载的 qt-opensource-windows-x86-msvc2015_64-5.6.0.exe 文件，根据安装引导窗口的引导完成安装。

3．环境变量设置

把 Qt 的 bin 文件夹路径 C:\qt\Qt5.6.0\5.6\msvc2015_64\bin 添加到计算机操作系统的 PATH 环境变量中。

4．VS 2015 下载

进入微软官网选择 64 位社区版的 VS 2015 安装镜像文件，下载地址 http://download.microsoft.com/download/B/4/8/B4870509-05CB-447C-878F-2F80E4CB464C/vs2015.com_chs.iso。

5．VS 2015 安装

单击 VS 2015 安装镜像文件，启动安装程序，在安装引导窗口选择 C++开发语言和其他开发工具如图 C-1 所示。

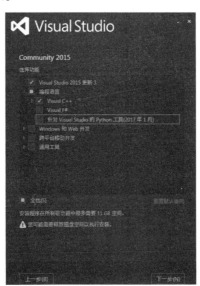

图 C-1　VS 2015 安装

6. VS 2015 集成 Qt5.6.0 测试环境配置

系统使用 VS 2015 集成 Qt 环境进行程序开发和调试，系统 Qt5.6.0 进行程序开发，使用 VS 2015 进行程序调试。集成环境的配置如下：

（1）VS 2015 集成 Qt5.6.0 插件下载：在完成了 Qt 和 VS 2015 的安装后，需要安装 QtPackage.vsix 插件将 Qt5.6.0 集成到 VS 2015 中，QtPackage.vsix 插件的下载地址为 https://visualstudiogallery.msdn.microsoft.com/c89ff880-8509-47a4-a262-e4fa07168408。

（2）集成插件的安装配置：单击安装插件后打开 VS 2015，从菜单上选择 QT5，再选择 Qt Options，单击 Add 按钮添加一个项，Name 填 msvc2015_65，Path 填 Qt 的安装目录 C:\Qt\Qt5.6.0\5.6\ msvc2015_64,安装过程如图 C-2 所示。

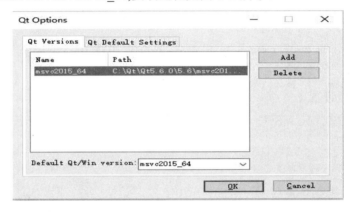

图 C-2　安装 QtPackage 插件

（3）集成环境测试：安装 QtPackage 插件后可以在 VS 2015 中创建 Qt 程序，如图 C-3 所示。

图 C-3　使用 VS 2015 创建 Qt 程序